ENCYCLOPEDIA OF ANIMALS

动物世界

［英］北巡游出版公司（North Parade Publishing Ltd.）/ 编著　邹蜜 / 译

重庆出版集团 重庆出版社

探索山地、极地、雨林、草原动物的入门指南

版贸核渝字（2019）第 218 号

图书在版编目 (CIP) 数据

动物世界 /［英］北巡游出版公司编著；邹蜜译 . — 重庆：
重庆出版社，2021.9
　书名原文：Encyclopedia of Animals
　ISBN 978-7-229-15836-1

Ⅰ . ①动… Ⅱ . ①北… ②邹… Ⅲ . ①动物—青少年读物
Ⅳ . ① Q95-49

中国版本图书馆 CIP 数据核字 (2021) 第 089064 号

动物世界

Encyclopedia of Animals

［英］北巡游出版公司 编著　邹蜜 译

责任编辑：连果　刘红

责任校对：杨婧

重 庆 出 版 集 团　出版
重 庆 出 版 社

重庆市南岸区南滨路 162 号 1 幢　邮政编码：400061　http://www.cqph.com
重庆出版集团艺术设计有限公司 制版
重庆长虹印务有限公司 印刷
重庆出版集团图书发行有限公司 发行
全国新华书店经销

开本：889mm×1194mm　1/16　印张：7.75　字数：120 千
2021 年 9 月第 1 版　2021 年 9 月第 1 次印刷
ISBN 978-7-229-15836-1
定价：49.80 元

如有印装质量问题，请向本集团图书发行有限公司调换：023-61520678

目录

山地动物

极地动物

雨林动物

草原动物

山地环境

山地面积约占地球总面积的五分之一。山地为我们提供了世界上80%的淡水，并养活了不计其数的动物、植物和我们人类。

❧ 严寒的气候、强风、暴风雪以及湿滑的冰，使得高山生活非常不易。

冷到受不了！

山上可能非常寒冷。即使在夏季，许多山区的温度也不会超过15℃。在冬季，气温可能降到零摄氏度以下，长达6—8个月的时间。由于高山上空气稀薄，许多动物和植物在林木线以上不再生长。少数动物和植物能在林木线以上生活，因为它们已经拥有了对抗严寒天气的特殊本领。

皮毛保护

大多数的高山动物都有浓密的皮毛裹体，帮助它们保暖过冬。夏季的时候，有些动物的皮毛会变得稀疏一些。高山动物们腿上也有皮毛保护。这些动物通常是温血动物。高山上也发现有一些昆虫，然而，爬行动物却不可能在如此严寒的气候中生存，因为它们会被冻僵。一些高山动物的耳朵较小、腿也较短，因为这能减少热量流失。

❧ 大角羊有一层厚厚的皮毛来保护它们免受严寒的伤害。

在冰上行走

在冰雪上行走很不容易。如果雪很深，腿会陷进去，人在冰面上行走容易脚滑摔倒。那么，高山动物在冬天是如何活动的呢？大多数生活在山上的动物，脚底都有一块皮质的肉垫。这样的爪子能帮助它们在冰面有很好的抓力。像雪豹和美洲狮这样的动物爪子很大，可以分散它们的重量，防止它们陷入雪中。

其他适应能力

爬山爬得越高，呼吸就越困难。因为在高海拔地区空气很稀薄。那么，山地动物在这样的条件下是如何呼吸的呢？所有的山地动物都有大而有力的肺，血液中的血红蛋白也更多。这些特征有助于山地动物，即使在高海拔区域，也能顺畅呼吸。有些动物会冬眠。例如，熊整个冬天都在洞穴或山洞里睡觉。冬眠的动物在冬天到来前会吃很多食物。然后，它们蜷缩进温暖的洞穴里睡觉，直到春天来临。而有些动物，尤其是鸟类，会在冬季来临前迁徙到温暖的地方。

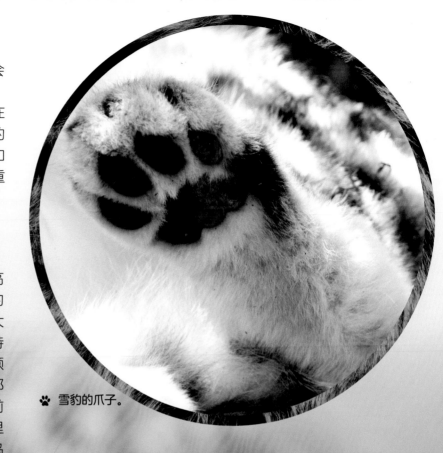

🐾 雪豹的爪子。

🐾 鼠兔是一种不冬眠的山地动物，在寒冷的冬天也很活跃。

美洲狮

美洲狮又被称为美洲金猫或者山狮。它们生活在北美、中美洲以及南美地区。在北美地区，它是除美洲虎以外最大的野生猫科动物。

美洲狮的外貌

美洲狮生活在雨林、草原、沙漠以及山区。美洲狮的皮毛从沙褐色到红棕色不一，这取决于它们的栖息地。生活在山上的美洲狮有更厚的皮毛，但毛发短，没有斑纹。美洲狮的脑袋较小，耳朵又短又圆，后腿的肌肉发达，后腿比前腿长。

熟练的猎手

美洲狮是优秀的猎手。它们会偷偷跟踪猎物，然后突然发起袭击。美洲狮能远跳12米，垂直跳起约5米。美洲狮一旦抓住猎物，会用锋利的牙齿咬断猎物的脖子致其死亡。美洲狮吃饱以后，会把剩余的猎物埋起来，留着下次食用。

🐾 山地美洲狮。

美洲狮幼崽

　　一只雌美洲狮，一次可以产下2—4只幼崽。美洲狮幼崽出生时，身上就带有斑点，15个月后会完全消失。它们待在母亲身边大概两年时间。当它们长到足够大以后，会离开母亲，寻找属于自己的领地。这些幼崽通常会集体生活直到它们能独立为止。

独居

　　美洲狮不喜欢群居。它们喜欢独居，独自保卫自己的领地。雄美洲狮的活动范围，很少与另一只雄美洲狮的范围重叠。不过，雄性的领地可以和少部分雌性共享。它们通常通过树桩上的划痕、泥土和雪地里的爪印或尿液来标记自己的领地。

🐾 作好突袭姿势的美洲狮。

🐾 一只美洲狮正在树桩上留下划痕，标记自己的领地。

动物档案

常用名：美洲狮

学名：Felis concolor（美洲狮）

栖息地：北美、中美和南美地区。

体重：成年雄性68—104公斤，成年雌性35—60公斤。

猎物：鹿、麋鹿、海狸、豪猪、浣熊以及松鼠。

天敌：人类，他们常因为恐惧或为了保护家禽而杀死美洲狮。

现状：濒危。现存仅有不到5万只美洲狮。

雪豹

雪豹经常出没于中亚的山区。它们非常适应严寒地区的生活，因为它们有厚厚的带斑点的灰白色皮毛，还有长长的毛茸茸的尾巴和巨大的毛爪子。

豹

美洲虎

雪豹

山里的生活

雪豹的许多特征让它们能够在山区舒适地生活。在裸露的岩石或大雪覆盖的山坡上，它们独特的皮毛颜色成为了天然的保护。雪豹有大鼻孔、宽胸阔和短前肢。它毛茸茸的底毛可以御寒。爪子的底部覆盖着毛皮，可以让雪豹的脚保持温暖，防止陷入雪地。

不是真的豹

雪豹不是真正的豹。它们的吼叫声，与豹以及其他大型猫科动物不一样。此外，雪豹会像家猫一样，蹲在食物上进食。雪豹皮毛上的斑点也与其他豹的皮毛斑点不同。事实上，雪豹的斑点与美洲虎很接近，有深灰色的玫瑰花环，里面有斑点。它的头和脸上布满了小黑点。

🐾 雪豹有一条长尾巴。在寒冷的环境下，它用尾巴遮住鼻子和嘴。

捕食和狩猎

与其他猫科动物一样，雪豹是非常强壮优秀的狩猎者。它们能捕获比自身大一倍多的猎物。它可以吃所有能发现的动物，包括大型哺乳动物（野猪）、小鸟或啮齿动物。雪豹通常会偷偷接近猎物，然后从15米远的距离，突然向猎物猛扑过去。

不怕海拔高

雪豹喜欢独居，这可能也是它生活在高山上的原因。在夏季时，雪豹会爬到6000米左右的高山上，即使树木在这个高度也不生长！不过，冬季时，它们会返回到海拔2000米左右的森林中。

❀ 雪豹是一种适应了雪山生活的大型猫科动物。

❀ 雪豹的眼睛与其他家猫或者小型猫不同，它们有圆形的瞳孔。

动物档案

常用名： 雪豹

学名： Uncia（雪豹）

栖息地： 喜马拉雅山、阿尔泰山、亚洲中部的兴都库什山。

体长： 成年雄性1.8—2.1米，成年雌性1.5—1.7米。

猎物： 野山羊、野猪、鹿、野兔、塔尔羊、旱獭以及小鸟。

天敌： 人类。人类因为雪豹漂亮的皮毛和可以制成中亚传统药物的骨头而捕杀雪豹。

现状： 濒危。世界上现存仅有约7300只雪豹。

山猫

　　山猫是一种中型野猫，主要分布在山区。它有一条短尾巴，耳朵尖上有一簇毛发，有一双带有软垫的大爪子，适合在雪地上活动。它们在山区森林中生活，很少越过林木线。

❖ 山猫厚厚的皮毛使它在雪山里保持温暖。

三种山猫

　　世界上有三种山猫——欧亚山猫、伊比利亚山猫和加拿大山猫。欧亚山猫生活在全欧洲和西伯利亚，伊比利亚山猫仅生活在西班牙的部分地区。这两种山猫都有浓密带斑点的皮毛、长胡须和大脚爪。不过，欧亚山猫体形比它的近亲伊比利亚山猫大。加拿大山猫生活在加拿大和阿拉斯加，体形接近伊比利亚山猫。

❖ 山猫灰棕色的皮毛上通常有深棕色的斑点。

狩猎技能

伊比利亚山猫喜欢在夜间狩猎，而欧亚山猫则在清晨或傍晚活动。这两种山猫通常都是以兔子、鹿、小鸟和狐狸为食。山猫会耐心地等待猎物靠近，然后再扑上去。并且，山猫短距离追捕猎物的能力也极为突出。

山猫的生活方式

山猫过着孤独而隐秘的生活，只在繁殖季节才会聚在一起。山猫大部分时间都在地面上活动，在必要的时候也会爬树。山猫以它非凡的听觉和视觉追踪猎物。雌性山猫在捕猎时会带上幼崽教它们狩猎技巧。

🐾 山猫的牙齿锋利，能够将猎物撕裂。山猫舌头上的毛刺能够帮助它们刮掉骨头上的肉。

🐾 独来独往又神秘莫测的山猫。

动物档案

常用名：欧亚山猫、伊比利亚山猫、加拿大山猫

学名：Lynx lynx, Lynx pardinus, Lynx canadensis（欧亚山猫、伊比利亚山猫、加拿大山猫）

栖息地：欧洲和西伯利亚（欧亚山猫）、西班牙（伊比利亚山猫）、加拿大和阿拉斯加（加拿大山猫）。

体重：欧亚山猫有18—21公斤（少数可达到38公斤），伊比利亚山猫有12.8—26.8公斤，加拿大山猫有7—14公斤。

食物：兔子、鹿、野兔、小型鸟类、松鼠和狐狸。

天敌：人类。人类因为浓密漂亮的皮毛而猎杀三种山猫。

现状：伊比利亚山猫为濒危动物。

山地啮齿动物

啮齿动物是哺乳动物中数量最多的种类。常见的啮齿动物有老鼠、松鼠、仓鼠和豚鼠。大多数啮齿动物生活在森林和开阔的平原上，少数生活在山地。山地啮齿动物有一些特殊的能力，可以帮助它们在非常寒冷的气候中生存。

土拨鼠

　　土拨鼠是生活在北美和欧洲的大型地松鼠。土拨鼠是群居动物，生活在洞穴里。一个土拨鼠群体通常有 50 个成员。有时，一只土拨鼠在洞穴外面放哨。当它发现有危险时，会用尖锐的口哨音发出警告。土拨鼠有极强的领地意识，它们会拼命地保护自己的领地和幼崽。土拨鼠用胸部腺体分泌的物质涂抹在岩石上标记领地。

🐾 土拨鼠有一层柔软浓密的皮毛为它们保暖。

🐾 土拨鼠住在洞穴里，整个冬天都在冬眠。

高山花栗鼠

阿尔卑斯山花栗鼠是在加利福尼亚州内华达山脉发现的。它们生活在海拔2300—3900米的地方。高山花栗鼠是花栗鼠家族中体型最小的。它们的皮毛为黄灰色，有浅色的条纹。它们主要生活在地面上，遇到危险时会爬树。与所有山地啮齿动物一样，它们在冬天会冬眠。它们在夏天大量进食，为冬眠储存能量。同时，它们会在山洞里储存食品，以备冬天醒来时可以进食。

南美栗鼠

南美栗鼠是主要在夜间活动的高山啮齿动物。这些皮毛浓密的小动物主要生活在南美安第斯山脉。它们拥有世界上最柔软的皮毛，也因此遭到人类猎杀。南美栗鼠的皮毛非常浓密，像跳蚤这样的寄生虫不能在里面生存，因为它们会窒息而亡。经常可以看见南美栗鼠在火山灰或者泥土中洗澡，以去掉它们身上的油和水。它们居住在地洞或者岩石缝中，行动敏捷，可以跳起1.5米高。

☙ 高山花栗鼠脸上有条纹。

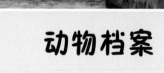

☙ 皮毛柔软的南美栗鼠居住在地洞和岩石缝中。

动物档案

常用名：南美栗鼠

学名：Chinchilla brevicaudata（南美栗鼠）

栖息地：南美洲的安第斯山脉。

体重：453—680克。

食物：草、香草和其他高山植物。

天敌：人类。因为它们珍贵的皮毛，南美栗鼠几乎被赶尽杀绝。

现状：极度濒危。

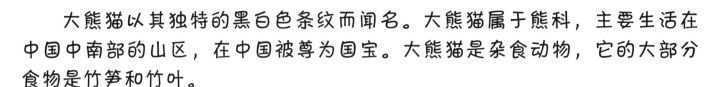

大熊猫

大熊猫以其独特的黑白色条纹而闻名。大熊猫属于熊科，主要生活在中国中南部的山区，在中国被尊为国宝。大熊猫是杂食动物，它的大部分食物是竹笋和竹叶。

大熊猫的特征

大熊猫与其他熊科动物的体形差不多。它的皮毛主要是白色，腿、耳朵、肩膀和眼睛周围有黑色斑块。大熊猫的前掌特别大，可以稳稳地抓住像竹子一样的东西。大熊猫通常生活在地面上，不过它们非常擅长攀爬。遇到危险时，它们还会游泳。

🐾 大熊猫直立坐着，用它的前掌抓住食物。

独居

　　大熊猫是很害羞的动物，它们喜欢独居。雄性大熊猫没有领地意识，它们的活动范围比有领地意识的雌性大熊猫要大很多。大熊猫白天和晚上都很活跃。它们善于发声，可以用很多种不同的声音进行交流。

濒危的大熊猫

　　大熊猫是最濒危的熊种。它们的主要食物来源是竹子。因此，竹林的破坏导致了大熊猫数量的急剧下降。以前，因为大熊猫的奢侈皮毛，它们成为了偷猎者的目标。在亚洲某些国家，穿大熊猫皮曾被认为是勇气的象征。（如今已经得到保护）

🐾 大熊猫有五个爪状的手指和一个不同寻常的腕骨。短爪可以帮助它抓住树皮。

🐾 大熊猫有一层厚厚的、油腻的、羊毛状的皮毛，能帮助它们在寒冷潮湿的山地保持温暖。

动物档案

常用名：大熊猫

学　名：A i u r o p o d a melanoleuca（大猫熊）

栖息地：中国四川省、甘肃省和陕西省。

体重：成年雄性约100公斤，成年雌性约80公斤。

食物：竹子、蘑菇、草、鱼、昆虫、啮齿动物等。

天敌：雪豹和老鹰，它们经常会捕捉熊猫幼崽。人类以前猎杀大熊猫以获取皮毛。成年大熊猫没有天敌。

现状：濒危动物。野生大熊猫仅存1590只左右。

黑熊

黑熊是典型的林栖动物，通常居住在陡峭的山林或茂密的森林中。北方的黑熊有冬眠习性，整个冬季蛰伏洞中，不吃不动，处于半睡眠状态。

🐾 黑熊是非常优秀的树木攀爬者。

🐾 北美黑熊。

黑熊档案

世界上有两种黑熊——北美黑熊和亚洲黑熊。两种黑熊都有巨大而健壮的体形，以及蓬松的黑色或深棕色皮毛覆盖全身。它们有小眼睛、圆耳朵、长鼻子和短尾巴。亚洲黑熊的胸部有一个乳白色的"V"形标记，喉咙上有一个白色的新月形小斑点。

攀爬好手

黑熊的后腿比前腿稍长，还有锋利的、可伸缩的爪子。每只熊掌上的五只爪子帮助它们攀爬、撕裂和挖掘。如果你碰到黑熊，不要爬树，那不会有帮助的！黑熊能够熟练优雅地爬上任何树。它们用锋利的爪子紧紧抓住树干，且攀爬速度很快。黑熊通常遇到威胁时才会爬树。一有危险熊妈妈就把幼崽送到树上。

冬眠

与大多数的熊一样，黑熊也冬眠。动物冬眠是为了避开冬天的严寒与食物短缺影响。在冬天来临之前，它们大量进食以储存足够的脂肪。一些黑熊整个冬天都在睡觉，一些只在最冷的时候睡觉。冬眠的长短通常取决于食物的供应情况。

变废为宝

冬眠时，黑熊不会排泄。相反，它们将体内废物转化为宝贵的蛋白质。黑熊的心跳在冬眠时会下降。不过，因为厚皮毛的保温作用，它们身体的温度并不会下降太多。因此，黑熊冬眠时可能随时醒来。

❀ 亚洲黑熊的胸部有一个乳白色的"V"形标记，耳朵比北美黑熊大。

动物档案

常用名： 亚洲黑熊，北美黑熊

学名： Ursus thibetanus；Ursus americanus（亚洲黑熊；北美黑熊）

栖息地： 中国、越南、泰国、北美。

体长： 亚洲黑熊1.2—1.8米，北美黑熊1.2—2米。

食物： 草、水果、浆果、树根、昆虫和腐肉。

天敌： 老虎、狼和山狮捕食熊仔和受伤的黑熊。人类为了娱乐、黑熊的肉或它们的其他身体部位捕杀它们。

现状： 易危。

雪猴

雪猴，又称日本猕猴，是唯一一种在雪地发现的猴子。雪猴遍布整个日本，特别是北方地区。它的毛呈灰棕色，脸部和屁股呈红色，有一条短尾巴。

严寒中求生

雪猴生活在冬季严寒的地方。它们能够在零下15℃的低温天气中生存，因为它们有着浓密的皮毛，而且在冬季时会变得更浓密保暖。雪猴还会花很多时间在温泉中取暖。

饮食健康

雪猴的饮食随着季节的变化而变化。它的食物包含了浆果、水果、种子、树叶、根、鸟蛋和昆虫。夏季，雪猴的食物是树叶和花，冬季，则是树皮。雪猴进食非常讲究，它们通常会清洗食物后才进食。

🐾 晒太阳的雌性雪猴。

🐾 雪猴用前肢吃东西。

幸福的一家

一个雪猴群通常有20—30只成员，有时数量可多达100只，猴群的数量主要看食物的多少。猴群通常由几只公猴和数量翻倍的母猴组成。母猴通常一生只在一个猴群中生活，照顾其他雪猴以及后代。公猴在成年之前离开猴群，之后它们会加入或离开好几个猴群。

和睦相处

雪猴善于交际，喜欢互相玩耍、互相梳毛。这些爱好和平的动物在照顾和保护后代的时候会互相帮助。

🐾 雪猴互相拥抱以取暖。

动物档案

常用名： 雪猴、日本猕猴

学名： Macaca fusscata（日本猕猴）

栖息地： 日本山区和高地。

体重： 成年公猴10—14公斤，成年母猴约6公斤。

食物： 种子、根、水果、浆果、树叶、昆虫和树皮。

天敌： 人类。因为认为雪猴有害，当地农民大量猎杀雪猴。此外，过度的森林采伐让雪猴的自然栖息地大幅度缩减。

现状： 受到威胁。雪猴数量已大幅下降。

山地大猩猩

山地大猩猩主要分布在非洲中部的维龙加火山山脉。它们是所有灵长类动物中体形最大的。

大猩猩的体形

山地大猩猩的皮毛，如黑丝一般顺滑，身形矮壮，手臂长且肌肉发达，脑袋很大，下颚有力。雄性大猩猩比雌性的体形大得多，有锋利的犬齿。成年雄性被称为银背，因为它们成熟以后背部会长出一片银灰色的毛。它们长长的毛发，有助于抵御山区的寒冷气候。

🐾 午睡时间睡在柔软草地上的大猩猩。

大猩猩走路

山地大猩猩有非常长且肌肉发达的手臂，但它们的腿很短。这些大猩猩通常用四肢行走。它们保持双脚平放在地上，用有力的手臂向前摆动身体。整个身体的重量由放在地面上的两个前肢支撑。

🐾 山地大猩猩的指关节经过自然进化，可以承受整个身体的重量。

大猩猩群体

　　与其他猿类一样，山地大猩猩是高度社交型动物。它们成群结队地生活，猿群通常由一只雄性领导，由雌性和它们的幼崽组成。雌性大猩猩照顾后代。山地大猩猩通常没有领地意识，但如果猿群首领感受到威胁，它会变得具有攻击性。一群大猩猩通常会一起行动。

优秀的沟通者

　　山地大猩猩用各种各样的声音相互交流。这些声音包括咕噜声、咆哮声、咯咯声和呜呜声。它们还使用面部表情和手势，如捶胸顿足来传达各种情绪。

🐾 梳毛是大猩猩社交生活中的重要活动。雌性大猩猩会给其他雌性大猩猩、幼崽以及银背梳毛。

动物档案

常用名：山地大猩猩

学名：Gorilla gorilla beringei（山地大猩猩）

栖息地：扎伊尔、卢旺达和乌干达之间的维龙加山脉。

体重：成年雄性204—227公斤，成年雌性68—113公斤。

食物：根、叶、杆、灌木、竹笋、花、水果、菌类和昆虫。

天敌：人类。开垦农业破坏了山地大猩猩的栖息地。

现状：极危。野生山地大猩猩不到400只。

马鹿

马鹿在北美被称为麋鹿或赤鹿，是世界上所有鹿种中仅次于驼鹿的第二大鹿种。这种动物喜欢在山地和开阔的草地上生活，避开茂密的森林。夏季，马鹿会向更高的海拔迁移。

适合山区的特点

马鹿的颜色在冬季呈现为深棕色，夏季则为棕褐色。它们的臀部是浅色的。雄性马鹿浓密的鬃毛覆盖整个颈部。马鹿在冬季有一层浓密的皮毛，在夏季来临前会脱落。它们的头很长、耳朵大、尾短、腿长。雄性的头顶有漂亮的鹿角。

为配偶而战

一只成年雄性马鹿会选择一只雌性的配偶。有时两只或两只以上的雄性马鹿，会同时对一只雌性马鹿表现出兴趣，它们会展开决斗。雄鹿会通过大声吼叫吓退对手。它们还会评估对方的身型和鹿角的大小，较小的对手通常会放弃。如果两头鹿都不放弃，就会用鹿角一决高低。

动物档案

常用名：马鹿

学名：Cervus elaphus（马鹿）

栖息地：欧洲、亚洲部分地区和北美洲。

高度：成年雄性前腿高度约1.6米，成年雌性前腿高度约1.4米。

食物：草、雪松之类的树木枝叶、鹿蹄草和红枫叶。

天敌：美洲狮、狼、熊和人类。

现状：近年来，人类过度猎杀它们获取皮毛和鹿角，让马鹿的数量大幅下降。

群体生活

一个鹿群中，马鹿的数量可能多达400只。雄性鹿群和雌性鹿群在交配季节聚在一起，并一起度过冬季。夏季时，雌雄鹿群分开。雌性马鹿成群，以便抚养幼鹿。

🐾 雄性马鹿在交配季节用鹿角进行决斗。

美洲驼和羊驼

美洲驼和羊驼属于骆驼类。两种动物都生活在南美洲，都已经没有野生的了。美洲驼最初是在北美洲被发现，然后迁徙到南美洲，成为印加人的主要交通工具。

😿 羊驼的白色软毛可以染成任何颜色。

独一无二的特点

与骆驼不同，美洲驼没有驼峰。与骆驼类似的是，美洲驼也有长脖子、圆鼻口和细长腿。美洲驼的蹄子皮质厚实，能够帮助它们在岩石表面拥有很好的抓力。美洲驼长长的皮毛颜色不一，从白色到红棕色乃至黑色。它们血液中的血红蛋白非常高，使美洲驼在空气稀薄的高海拔地区也能生存。

小心美洲驼！

美洲驼喜欢群居，一群美洲驼大概有20只。驼群由雄性美洲驼领导，驼群首领会拼命保护它的驼群。雄驼经常为争夺领导权而决斗，会互相咬腿，或用脖子进行缠斗。被打倒在地的雄性是输家。受到威胁时，美洲驼会冲撞、吐口水、撕咬并猛踢敌人。不过，总的来说，美洲驼是温顺友好的动物。

保卫领地

即使被圈养，美洲驼也有很强的领地意识。另外，如果与像绵羊之类的动物圈养在一起，美洲驼不仅会接纳它们，还会保护它们。这让美洲驼成为很好的守护动物，可以保护诸如绵羊、山羊、马和其他家养动物。

羊驼

羊驼看起来像体形稍大的绵羊，它们的脖子很长。羊驼比美洲驼小。它们成群生活，性格温顺友好。然而，当受到威胁时，它们也会表现出攻击性。羊驼已经被驯养了几千年。然而，与美洲驼不同的是，饲养羊驼不是为了驮运货物等，而是为了它们的皮毛和肉。羊驼毛是奢侈品，用它们的毛制成的羊绒制品，比绵羊毛更柔软轻薄。

动物档案

常用名：美洲驼

学名：Lama glame（大羊驼）

栖息地：南美洲，近秘鲁东南部、玻利维亚西部和智利。

高度：前腿高约1.2米。

体重：136—140公斤。

食物：灌木、草、树叶、青苔。

天敌：美洲狮、美洲豹、狗以及人类。

现状：驯化圈养使种群数量延续。

😿 美洲驼幼崽。

鼠兔

鼠兔是兔子家族中的一种小型动物，有时候又被称为岩兔或者科尼兔。鼠兔一共有大约30个不同种类。虽然它们与兔子是近亲，但它们长得很像仓鼠。

山里的生活

鼠兔广泛分布于亚洲、北美和东欧部分地区。它们通常聚集成一个庞大的群体。群内成员把食物收集在一起，并互相照顾。不过，有些鼠兔喜欢独居。在欧洲和亚洲，鼠兔与帮助它们共同筑巢的雪雀共享洞穴。

动物档案

常用名：鼠兔

学名：Ochotona princeps（北美鼠兔）

栖息地：整个欧洲、部分亚洲和北美洲地区。

体长：大约15—25厘米。

体重：大约120克。

食物：草、嫩枝、花和苔草。

天敌：鼬、狼、狐狸、老鹰和猫头鹰。

现状：数量充足。

🐾 鼠兔身体矮壮结实，有短腿和小尾巴。

准备过冬

鼠兔在冬天到来之前最活跃。这些小动物不冬眠。相反，它们整个冬天都在活动。有些鼠兔整天蹲在岩石上晒太阳。大多数鼠兔会收集新鲜的草，把它们晾干。然后它们把这些干草储存到洞穴里。严冬里，干草不仅可以让它们睡得温暖，还可以成为它们的食物。

家庭生活

群居的鼠兔会挖洞。它们挖的洞非常复杂，有许多通道和出入口。这些地洞不但让它们能够在更广泛的活动范围内觅食，让它们在高原寻找更多的食物，在危险来临时，还能让它们尽快逃离到安全地方。鼠兔的领地意识很强，雄性鼠兔会把外来的成员赶走，尤其是当它们忙于晾草和堆干草的时候。

🐾 鼠兔在与它们皮毛颜色相近的岩石上晒太阳。

落基山山羊

落基山山羊原产于北美洲。尽管与普通山羊外形相似，但它们实际上属于羚羊科。落基山山羊主要生活在高山和亚高山地区。

❀ 小羊刚出生几分钟就学会了跳跃和攀爬。

外形特点

落基山山羊身体粗壮，身上覆盖着厚厚的皮毛。毛色从白色到淡黄色不一。由于它们生活的区域冬季长达9个月，所以它们有非常适合严寒的浓密皮毛。它们底毛很密集，呈羊毛状，外面还有一层长约20厘米的长毛发。这样厚厚的皮毛可以保护山羊在寒冷和严酷的山区气候中保持温暖。在夏天，当气温上升以后，山羊会在树上或岩石上摩擦，以便褪去羊毛。公山羊和母山羊都有突出的胡须、短尾巴和黑色的长角。

群居生活

在冬季和春季，落基山山羊会以庞大的群体生活。而在夏季，落基山山羊的群体会变小，甚至独自生活。它们从早到晚都很活跃。除了繁殖季节，整个羊群的领导通常是雌山羊。而在繁殖期，雄山羊会接管羊群，并且会为争得雌性而大打出手。与其他羚羊类动物不同，它们并不会头对头地进行决斗。

❀ 落基山山羊非常擅长攀登。

好战的母羊

雌性落基山山羊也会参与权力的争夺。一年中的大多数时候，都是母羊在领导整个羊群。落基山山羊非常有保护意识，在保卫它们的羊群和领地时表现得非常暴力。两只母羊的争斗通常会导致羊群内其他母羊的参与。争斗时可能会导致其中一方的死亡。较弱的一方通常会躺在地上示弱。

动物档案

常用名：落基山山羊

学名：Oreamnos americanos（北美山羊）

栖息地：北美部分地区。

高度：0.8—1.0米。

体重：45.3—136公斤。

食物：草、青苔、苔藓、木本植物和其他高山植物。

天敌：美洲狮和人类。金雕会捕食它们的幼崽。

现状：易危。山羊因为它们的羊毛和肉被大量猎杀。

大角羊

大角羊因有两个又大又弯的羊角而得名。雌性的羊角较短且没有雄性那么弯，它们的羊角不同是因为它们有不同的行为方式。

大角羊的特征

大角羊的身体肌肉结实，羊毛顺滑。它们的皮毛跟鹿的皮毛非常相似。外层是光滑硬朗的保护性毛，里层是灰色的短毛。夏季时通常是光滑的棕色，不过随着冬季的到来，渐渐褪去。大角羊的鼻孔窄而圆，耳朵又短又圆，尾巴很短。它们有坚硬的双层头骨，非常有利于角斗。宽阔的腱连接着头骨和脊髓，能够帮助它们在剧烈撞击中缩回头颅。

致命的羊角

雄性大角羊没有领地意识。然而，公羊为了吸引母羊的注意，会进行面对面交锋。公羊低着头互相攻击，以每小时32公里的速度冲撞对手。羊角大的公羊占有优势。打斗经常持续长达25个小时，每小时至少5次冲撞。

为高山而生

大角羊可以轻松地在悬崖上穿梭。它们通常利用岩脊作为立足点，可以跳跃6米左右的距离。羊蹄外硬内柔，这有助于它们以高达每小时24公里的速度轻松攀爬。在平地上，它们可以达到每小时48公里的速度。

群居动物

大角羊广泛分布在北美落基山脉的山坡上。它们生活在降雪量较小的地区，因为它们无法在深雪中挖掘食物。大角羊还是出色的游泳好手。它们通常以8—10只的数量群居，偶尔一群里面可以多达100只成员。公羊组成单身群体。如果有狼威胁它们，羊群会围成圆形来对抗敌人。

🐾 大角羊被广泛猎杀，成为了濒危动物。

🐾 7—8岁时，大角羊的一对羊角能伸展到83厘米。

动物档案

常用名：大角羊

学名：Ovis canadensis（北美盘羊）

栖息地：北美地区，特别是落基山脉。

体重：成年公羊120—130公斤，成年母羊53—90公斤。

食物：草和香草。

天敌：美洲狮、郊狼、狼、熊、山猫和人类。

现状：易危。大角羊数量由于偷猎、疾病以及栖息地破坏而大幅下降。

羱羊和塔尔羊

羱羊和塔尔羊都是山羊属的物种。羱羊分布在欧亚大陆和北非地区。阿尔卑斯羱羊通常分布在海拔3000米以上地区。塔尔羊分布在部分亚洲地区。

阿尔卑斯羱羊

阿尔卑斯羱羊的皮毛为灰棕色，冬天变为深褐色。公羊的个头通常是母羊的两倍，也可以通过它们浓密突出的胡须进行区别。公羊和母羊都有向后弯曲的长角。有些公羊的羊角长达1米。公羊用它的角击退山猫、熊、狼和狐狸等掠食者。

喜马拉雅塔尔羊

喜马拉雅塔尔羊是三种塔尔羊之一。它们广泛分布在海拔3500—5000米的山坡上。喜马拉雅塔尔羊非常适应高山生活。它们的羊蹄底部柔软有弹性，能够在滑溜溜的岩石上立足。塔尔羊是世界上最出色的登山羊。

阿拉伯塔尔羊

阿拉伯塔尔羊分布在阿拉伯联合酋长国和阿曼苏丹国的哈贾尔山脉。它是三种塔尔羊中体形最小的，但非常强壮敏捷。它能攀爬近乎垂直的悬崖。跟它们的近亲不同，它们不是群居动物，且领地意识很强。阿拉伯塔尔羊由于捕猎和栖息地被破坏已濒临灭绝。

动物档案

常用名：喜马拉雅塔尔羊

学名：Hemitragus jemlahicus（喜马拉雅塔尔羊）

栖息地：喜马拉雅山脉。

体重：成年公羊90—100公斤，成年母羊60—70公斤。

食物：高山香草、灌木和其他高山植物。

天敌：雪豹和人类。

现状：易危。过度捕猎和栖息地被破坏让喜马拉雅塔尔羊的数量急剧下降。

🐾 羱羊被过度捕杀，现在面临灭绝危险。

🐾 尼尔吉里塔尔羊的羊蹄周围坚硬，可以帮助它们爬山。

尼尔吉里塔尔羊

尼尔吉里塔尔羊的外形类似山羊，它们有短毛和短而弯曲的羊角。不像喜马拉雅塔尔羊，尼尔吉里塔尔羊跟绵羊的关系更近。公尼尔吉里塔尔羊黑色皮毛上有着银色鞍边和短鬃毛。母尼尔吉里塔尔羊有灰棕色的毛，肚腹部为白色。这三种塔尔羊的公羊，都会为了吸引母羊的注意而大打出手。

安第斯神鹰

安第斯神鹰是西半球最大的陆地飞行鸟类。它们分布在安第斯山脉，属于从鹳鹳进化而来的新大陆秃鹰家族。安第斯神鹰以死去的动物腐肉为食。

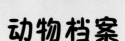
神鹰的觅食范围非常广。

神鹰的情况

成年安第斯神鹰为黑色，颈后有白色的羽毛褶边。当它飞到高空时，会把它的头塞进羽毛褶边里保持头部的温暖。它们的翅膀上有一条白色羽毛，翼展跨度达到3米。它们的头和脖子几乎是秃的。雄性鹰头部有冠，颈的底部有皱翎。当它们头部和脖子的皮肤变成亮红色，就是在发出警告。它们脚上有一个长的中脚趾，爪子直而钝，这有助于它们行走。

飞行中的神鹰

神鹰是一种姿态优雅的鸟类。它们能利用空气中的暖气流来轻松提升飞行高度。它们会花大量的时间，飞行数英里去寻找食物。

爱清洁的神鹰

神鹰会用很多时间梳毛和晒太阳。人们经常看到它们舒展翅膀面对着太阳享受阳光。它们每天都梳理自己的羽毛，让羽毛干净整洁。每次进食后它们会清洗自己的头部和脖子，这对它们很重要，因为它们以死去的动物为食，腐肉可能会令它们感染疾病。

国家象征

安第斯神鹰是哥伦比亚、厄瓜多尔、秘鲁、阿根廷和智利的国家象征，在这些国家它的地位非常高。

神鹰哺育后代

神鹰在3000—5000米高的岩壁上筑巢。它们的巢是由枝条和嫩枝搭建而成。雌性秃鹰一次产一至两个蛋，孵化需要58天左右的时间。公鹰和母鹰都会孵化。雏鹰6—7个月后开始长出羽毛，小鹰要半岁以后才开始飞行，跟父母会待到两岁左右。

准备起飞的神鹰。

雄伟的神鹰。

动物档案

常用名：安第斯神鹰

学名：Vultur gryphus（安第斯神鹰）

栖息地：南美地区安第斯山脉。

体重：成年雄性11—15公斤，成年雌性7.5—11公斤。

食物：包括兔子、山羊、牛、鹿、马、郊狼等动物尸体以及蛋。

天敌：人类。

保护现状：捕猎、栖息地减少和化学毒药让神鹰数量减少。

翱翔的金雕翼展有1.8—2.1米。

金雕是最雄伟的猛禽之一。它们分布在整个亚洲大陆、北非和北美部分地区。尽管在其他许多地方也能见到它们的身影，但大多数的金雕栖息在高山地区。

外形特征

金雕除了冠部、颈背部及脖子和脸部周围为金色羽毛，其他部位都呈深棕色。雄性和雌性看上去很相似。金雕的翅膀又长又宽，为棕灰色。尾巴为灰褐色，头和身体以及翅膀展开后前部的一些较短羽毛为黑色。锐利且弯曲的爪子也为黑色，腿为黄色。为保持温暖，从腿一直到脚趾都有羽毛覆盖。

共度一生

金雕配对以后会一起生活好几年，甚至终生。两只金雕会一起追逐、俯冲、盘旋和翱翔。它们还会假装互相攻击，在飞行途中锁爪。它们的巢穴是由树枝、草、树叶、青苔、苔藓和树皮做的。雄性和雌性共同孵化，并照料小金雕。

金雕的一些情况

金雕通常只待在一个地方。有些金雕可能因为觅食而进行短距离迁徙。大多数的金雕成对出现，否则就是独居。幼年金雕有时候会组成一个小群体。成年金雕只在严冬或食物充足时才会成群。金雕在保护它们的领地时非常具有攻击性。

共同狩猎

金雕的食物主要是小型哺乳动物，比如野兔、旱獭和草原犬鼠。此外，它们还会捕猎小型鸟类、两栖动物或者鱼类。有时候，它们还会捕杀幼年鹿、郊狼、獾、鹤和鹅。金雕经常成对捕猎。一只雕猛扑过去，另一只将猎物杀死。

雄伟的金雕有着黑色的眼睛和极好的视力。

动物档案

常用名：金雕

学名：Aquila chrysaetos（金雕）

栖息地：欧洲、北亚、日本、北非和北美地区。

体长：75—84厘米。

体重：3.5—6公斤。

食物：兔子、松鼠之类的小型哺乳动物，鱼，两栖动物和鸟类。

天敌：狼獾、熊、人类。

现状：易危。当地居民因为害怕金雕袭击他们的家禽，一直猎杀金雕。

其他高山鸟类

高山地区栖息着各种各样的鸟类，包括雪雀、田鸡和山鸡。有些鸟类能够在非常高的海拔地区生活，非常令人吃惊。

雪雀

雪雀是分布在欧洲和亚洲高山中的一种麻雀。雪雀的体形大且矮壮结实，身长16.5—19厘米。雪雀大多栖息在海拔3500米以上的地区。雪雀非常适应高海拔的生活。它们非常坚韧，即使气温非常低，也不会飞到低海拔区域，最多在冬天时会到稍微低一点的地方。雪雀通常在岩石缝中筑巢，它们经常霸占鼠兔的地洞作为自己的巢穴。它们的身体，上面是浅棕色，腹部为白色。它们的翅膀有一条长白边，展开的时候特别明显。它们主要以种子、昆虫和蠕虫为食。

无翼鸟

无翼鸟是最古老的鸟类之一，共有47种不同类型。它们主要分布在安第斯山脉。虽然无翼鸟和鹌鹑有非常多的相似处，但它们与鸸鹋和鸵鸟的关系更近。无翼鸟的身体小而圆，能够让它们在最寒冷的冬天生存。它们的主食为浆果和昆虫，是非常神秘的鸟类。它们每次会产下几枚闪亮的蛋，幼鸟一孵出来就会跑。

🐾 无翼鸟的羽毛呈保护性的灰棕色。

🐾 一只栖息在寒冷岩石上的雪雀。

山鸦

　　红嘴山鸦的羽毛为黑色，和乌鸦长得非常像。它们分布在欧洲和亚洲的高山地区。世界上有两种山鸦，一种是红嘴山鸦，一种是阿尔卑斯山鸦。红嘴山鸦因为有大红色的喙，很容易辨认，而阿尔卑斯山鸦有黄色的喙。山鸦是群居动物。它们夏天捕食昆虫，冬天吃浆果。山鸦是天生的杂技演员，它们以优雅的飞行姿势而闻名。

动物档案

常用名：红嘴山鸦

学名：Pyrrhocorax pyrrhocorax（红嘴山鸦）

栖息地：欧洲中部和南部、中亚和北非。

体长：36—47厘米。

体重：约480克。

食物：种子、植物果实、昆虫等。

天敌：大型食肉鸟类，例如老鹰。

现状：种群稳定，无生存危机。

❀ 阿尔卑斯山鸦有一个与众不同的黄色鸟喙。

濒危高山动物

　　高山是世界上最不可及的地方之一。尽管如此，人类活动仍然在改变着高山，威胁着生态系统。一些适应高山环境和气候的山地动物的数量在急速下降。全球变暖、森林砍伐和其他非自然因素，正在影响着高山动物的生活，许多高山动物被迫离开它们的栖息地之后，也将无法生存。

🐾 全球变暖导致冰山融化。

气候变化

　　全球变暖是高山生态系统面临的最大威胁之一。整体气温的上升导致更多的冰山融化，积雪覆盖面积减少。高山的动物，有浓密的皮毛保护它们不受严寒侵袭。但温度升高以后，反而会让它们感到不舒服乃至生病。同时，温度升高也意味着冬季缩短。许多原本在整个冬季都冬眠的动物，因为冬季缩短，它们在夏季会进食更久，吃得更多，这会导致食物短缺。

栖息地被破坏

　　人类在慢慢地侵占山地区域。人类砍伐森林，一是为了将林地改为农田，二是为了在山区修建更多的房子。森林砍伐对于许多高山动物来说是灾难，因为它们需要树木给它们提供保护，免于天气变化的影响和天敌的捕杀。滥砍滥伐同时也导致了更频繁的山体滑坡和雪崩。

🐾 大规模的森林砍伐对许多高山动物来说意味着食物短缺和无处可居。

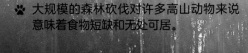

捕猎

人类为了金钱利益，猎杀高山动物。雪豹、南美栗鼠因为它们的皮毛而被猎杀。山地羚羊因为皮毛和它们的羚羊角被捕杀。有时，某些动物或鸟类被杀死，是因为它们被认为是有害的。神鹰和美洲豹，因为被误以为它们袭击牲畜而被捕杀。捕猎让许多高山动物面临灭绝。

食物短缺

对某一个物种的过度猎杀，通常会影响到以这类生物为食的另一个物种。食物短缺也是高山动物面临的重要威胁之一。当人类侵占山地区域，他们的牲畜会和当地的动物争夺食物。许多野生动物还会从猫、狗和其他动物身上感染疾病。野生动物面对这些疾病极为脆弱，它们对这些疾病并没有自然免疫能力。

🐾 高山动物的天然牧场被家养牲畜侵占。

极地环境

　　北极圈和南极圈标志着地球最北方和最南方地区的开始。北极圈以北和南极圈以南的地区就是极地地区。南极点是地球上最冷的地方，有史记录的最低温度为-89.4℃。

地球两极

　　极地地区是地球上最多风的地方。大部分土地都被冰雪覆盖。北极地区的夏季从六月左右开始，而南极地区则从十二月左右开始。夏季时，极地地区24小时都是白天，没有黑夜。冬季时则恰好相反，太阳永远不会升起，24小时都是黑夜。

北极

　　北冰洋的部分地区终年结冰，冬季平均气温为-30℃。即使积雪融化，北极地区也覆盖着永冻层，即地表下的一层冻土。夏季气温上升，有些植物可以生长。北极地区的最外围覆盖着矮草，这一带也被称为冻原。冻原一词来自芬兰语，意为无树的平原。

❦ 白色标注的地方为地球的北极圈和南极圈区域。

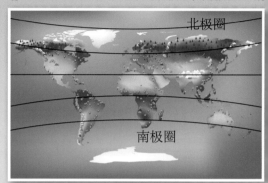

北极圈

南极圈

❦ 1909年4月6日，罗伯特·埃德温·皮尔里、马修·亨森和四名因纽特人首次远征北极。

南极

　　南极的面积比美国还大。南极是一片冰冻、干燥、多风的大陆，遍布冰山和高山，这块大陆上覆盖着约2公里厚的冰层。这里唯一的居民是科学家。南极的植被包括了约400种的地衣、100种的苔藓、700种左右的藻类。唯一生长的花是毛草和珍珠草。一些动物如企鹅、鲸鱼和海豹生活在这里。南极海洋里的鱿鱼和冰鱼是信天翁的食物，信天翁是少数飞越南极洲的鸟类之一。

珍惜并保护

　　北极和南极都正受到污染的影响。俄罗斯政府建立的北极大保护区是世界上最大的保护区之一。占地4.6万平方公里，是70万只驯鹿、北极熊和海豹的安全家园。在另一端的南极，包围南极的南冰洋，已经被宣布成为国际鲸类保护地。

百科档案

北极

别称：北极洲

面积：北极地区总面积2100万平方公里，其中陆地部分800万平方公里。

平均温度：−18℃

最早的探索者：皮尔里和亨森(1909年)

南极

别称：南极洲

面积：1390万平方公里

平均温度：−25℃

最早的探索者：罗尔德·阿蒙森（1911年）

❖ 1911年12月14日，罗尔德·阿蒙森和他的团队是第一批到达南极的人类。

北极熊

北极熊是陆地上最大的食肉动物。它们是唯一一种会主动攻击人类的熊。北极熊也是北极地区食物链顶端的动物。它们主要以北极地区的海豹和海象为食。北极熊遍布整个北极地区，它们通常在沿岸的海冰上活动。

🐾 北极熊的皮毛能够为它们提供保暖，但也易导致过热，因此它们缓慢地移动以避免产生过多热量，还经常游泳以降温。

🐾 北极熊在水下时鼻孔会闭合。

北极生活

北极熊又大又重。它的头小、脖子长、耳朵圆、尾巴短。它们的前腿比后腿短。它们的大熊掌有助于将重量分散到大面积上，防止脚下的冰破裂。熊掌底部有厚厚的黑色肉垫，上面布满了小的突起物，被称为肉突。皮毛和肉突防止它们在冰面上滑倒。尖利而弯曲的爪子在它们奔跑或爬行时，可以有更多的抓力，也有助于抓住猎物。

保持温暖

北极熊很适合在寒冷的北极地区生活。它有一层厚厚的脂肪，大约有10厘米厚，这让它们在陆地上和水中都能保暖。北极熊在雪地里挖洞，在极端严寒多风的时候，会蜷缩在洞里。它们还会用熊掌遮住自己的鼻子和嘴巴，避免热量散失。北极熊的小耳朵和短尾巴也防止了热量的散失。除了这些，北极熊皮毛差不多有5厘米厚。

北极熊的皮毛

从远处看，北极熊是白色的，甚至有些发黄。实际上，覆盖在它们身上的皮毛是无色的。北极熊的厚皮毛包含了一层稠密绒毛，还有一层稍薄的透明空心针毛。内层绒毛能让北极熊保暖，外层针毛能将阳光带进内层绒毛，外层针毛反射阳光让北极熊看起来是白色的。

水中生活

北极熊是游泳好手。它们能以每小时10公里的速度连续游行100公里以上。前掌部分有蹼，在游泳时，它们的前掌就像桨，后腿保持扁平用于控制方向。北极熊的脂肪层让它们游泳时能保持温暖。北极熊还会跳水，不过它们潜得不深。

🐾 游泳后，北极熊可以很轻松地将皮毛上的水或者冰甩掉。

动物档案

常用名：北极熊

学名：Ursus maritimus（北极熊）

栖息地：北极地区（阿拉斯加、加拿大、俄罗斯、格陵兰岛、挪威）。

体长：成年雄性2.5—3米，成年雌性2—2.5米。

猎物：海豹（环斑海豹和髯海豹）、鸟蛋、海鸟、小海象、死鲸鱼和浆果。

天敌：人类。因为浓密的皮毛和肉，北极熊被广泛猎杀。它们的尖牙还被用来制作各种珠宝和工艺品。

现状：受威胁。根据严苛的法律，北极熊现在的数量趋于稳定。现今北极地区有4万头左右。

出击捕猎

北极熊是熊家族里面最优秀的猎手之一。它们最爱的猎物是环斑海豹，有时也会猎食更大的海象或白鲸。北极熊通常在海豹的透气孔外静静守候，等待它们浮出水面。一旦海豹露出水面，北极熊就会用它们巨大的熊掌一把将其抓住。北极熊有时候会尾随猎物或在冰面下游泳觅食。

敏锐的嗅觉！

北极熊有敏锐的嗅觉，这有助于它们捕猎。它们可以闻到1公里以外的、被雪和冰层覆盖的海豹透气孔。它们的视力和听力跟人类差不多，能在水下睁眼游行。生气的北极熊会发出嘶嘶声、哼哼声、低声咆哮和怒吼。调皮的幼崽会受到妈妈的低吼或者软软的一巴掌。

北极熊有42颗牙齿，主要用于捕捉食物或进行攻击性行为，偶尔也用来表达爱意。

生日快乐，熊宝宝！

北极熊一般出生在11月末或1月初。大多数的北极熊妈妈一次会产下两个幼崽，偶尔会产一个或者三个。幼崽刚出生时看不见东西，体重约0.6千克，全身覆盖着细绒毛。它们在巢穴里待到4月初，直到两岁半以后才会离开母亲。北极熊妈妈在这段时期内保护幼崽，教会它们如何狩猎。一岁至两岁时，它们长得非常快。北极熊的母乳比其他熊妈妈的母乳含有更多脂肪。这有助于熊宝宝抵御严寒。

甜蜜的家！

北极熊妈妈在洞穴的尽头为它们的宝宝准备了一个巢穴。隧道的出口被软雪封住，将空气锁在洞穴内，使得洞内的温度比外部高。幼崽长到几个月大以后，一家人会回到海边，妈妈们就能觅食了。在途中，妈妈们会挖出临时休息和进食的深坑，以保护幼崽们不受寒风侵袭。

🐾 北极熊在雪里挖洞，互相依偎取暖。

🐾 北极熊对它们的幼崽极其保护，
它们会以生命保护自己的幼崽。

39

北极海豹

海豹是海洋哺乳动物。大多数海豹生活在北极圈或南极洲及其周围。海豹是鳍足类动物，它们拥有的不是四肢而是鳍状肢。海狗是唯一有外耳的海豹。海豹是游泳好手，它们用带爪前鳍掌握方向，用后鳍发力推进。它们在陆地上非常笨重。海豹居住在世界上最寒冷的地方。它们体内有一层脂肪可以为它们保暖。北极海豹一共有6种类型。

格陵兰（竖琴）海豹

格陵兰海豹出生时皮毛为黄色，三天后，黄色皮毛变为白色。因此它们也被称为白袍。白色皮毛让它们能够和雪融为一体。随着海豹宝宝渐渐长大，白色的皮毛上会出现灰色的斑点。格陵兰海豹的名字，来源于成年雄性海豹的背部有马蹄形或者竖琴形状的斑点。成年雌性的斑点不那么明显。格陵兰海豹可以潜到水下182—375米，并在水下停留15分钟。格陵兰海豹的颈部比其他海豹细。它们成群结队地游泳、潜水、跳跃，每群的数量可达到75只。

海豹宝宝长大了！

格陵兰海豹有敏锐的嗅觉，海豹妈妈可以在众多宝宝中嗅出自己的宝宝。它们会照顾海豹宝宝两周时间。海豹妈妈母乳中的脂肪非常丰富，能够让海豹宝宝长到40公斤，这时的海豹宝宝可以开始第一次下水游泳。格陵兰海豹幼崽是成长最迅速的哺乳动物。

🐾 格陵兰海豹和它的宝宝趴在雪地里。

冠海豹

冠海豹的名字由来，是因为雄性海豹的头顶有一个黑色的充气鼻囊。它们可以让气囊充气，然后将空气从一个肺叶转移到另一个肺叶。雄性冠海豹还可以通过鼻腔，把一大块皮肤吹成一个红色气球状，通常是左边鼻腔。它们用这种方式吸引异性，并吓退敌人。每年除了6月至8月的蜕皮时期，它们一般独居。

再见！

每年3月到4月，雌性冠海豹产下一只海豹宝宝，但它们只会照顾幼崽4到8天，是哺乳动物里时间最短的。这些好斗的海豹的皮肤呈银灰色，带有灰色的斑点。灰蓝色的幼崽有厚厚的一层脂肪。这层脂肪在14个月后逐渐消失。

 冠海豹因为它们的脂肪、肉、皮，特别是新生海豹的厚皮毛而被人类猎杀。

动物档案

常用名：冠海豹

学名：Cystophora cristata（冠海豹）

栖息地：加拿大巴芬岛与丹麦格陵兰岛之间的戴维斯海峡。

体长：成年雄性约3米。

体重：成年雄性约400公斤。

食物：磷虾、乌贼、鱼、章鱼、蚌。

天敌：人类。因为毛皮、脂肪和肉，冠海豹被广泛猎杀。

现状：易危。

南极海豹

南极的海豹比北极的海豹多，因为南极的食物更多，而天敌更少。海豹遍布整个南极洲。体形最大的是南极象海豹，成年雄性象海豹达到4.5米长。

威德尔氏海豹

这种海豹以英国南极探险家威德尔的名字命名，威德尔氏海豹在冰面上成群地生活和活动。它们大部分时间都待在水下，浮出水面是为了呼吸和繁殖。它们的皮毛短而密，呈深色带有银斑点。它们用大犬牙在冰上打洞和咀嚼食物。它们的胡须帮助它们游过障碍物。

深海潜水者

威德尔氏海豹可以潜到水下609米。它们可以在水下停留一个小时，在水下时还能大声呼唤同伴。威德尔氏海豹妈妈在九月前后产下一只海豹。在八周时间内，幼崽会从出生时的27公斤长到90公斤。同时，它们学会游泳、捕猎和如何浮出水面。如果看到其他危险动物，它们会背部朝下、腹部朝上以示投降。

🐾 食蟹海豹在一月和二月蜕皮。这期间它们大部分时间都在冰面上。

🐾 威德尔氏海豹、罗斯海豹、食蟹海豹和豹斑海豹是真正的海豹，它们没有外耳。

食蟹海豹

食蟹海豹有不同寻常的五角牙齿，这种牙齿就像一个滤网，将水排走留下食物。它们以磷虾、鱼和鱿鱼为食。它们的名字是因为早期科学家的一个错误而来。如果有其他动物靠近，它们会露出牙齿并发出鼻息声。

🐾 顽皮的食蟹海豹。

外貌变化

冬季的深灰色皮毛帮助它们保存热量。夏季，它们的皮毛变回白色。食蟹海豹的皮毛通常有明显的瘢痕。这些瘢痕来自猎杀它们的虎鲸和豹斑海豹。它们一个月能够吃掉自身重量两倍的磷虾，比须鲸或无齿鲸的食量都大。它们在浮冰上成群繁殖。它们的幼崽必须长得快，这样它们才能在短短三周内学会自我照顾。食蟹海豹是南大洋上数量最多的海豹种类。

豹斑海豹

南极海豹里面第二大种类是豹斑海豹。它们的身体长而纤细，像鱼雷一般。它们的名字来源于它们的灰色皮毛和黑色斑点。它们是唯一以其他海豹为食的海豹。雌性豹斑海豹通常长3米，比雄性海豹还大。

敏捷的猎手

豹斑海豹有结实的下巴、又长又尖的牙齿和巨大的嘴。它们的嗅觉非常敏锐，在水下也能嗅到气味。它们是游泳健将，对于在游泳的或在冰上休息的企鹅和其他海豹来说，它们是危险敌人。它们的头看起来更像是两栖动物，鼻腔在鼻子上面，颈部和背部强壮。大前脚蹼有助于在水中以每小时40公里的速度前行。它们在陆地上移动比较困难。它们唯一的天敌是虎鲸。

丰富的食谱

豹斑海豹的主食是磷虾和企鹅，但也会吃其他海豹、鱼、乌贼、海鸟甚至鸭嘴兽。它们用长而尖的、向内弯曲的牙齿进行咀嚼。像锯子一般的牙齿在撕咬鲜肉或在水中过滤磷虾的时候非常好用。它们游得又远又快，比其他海豹游得都远，有时候甚至能游到南非和澳大利亚。

🐾 豹斑海豹常常在深海里觅食。

🐾 在陆地上，豹斑海豹看上去很矮壮；在水中，它们显得长且圆滑，看上去像蛇。

孤独的母亲

豹斑海豹寿命可长达26年。除了繁殖季节，它们都是独居。一只母豹通常一个季节产下一只幼崽，就在它们自己挖的洞里。幼崽一般出生在11月和1月之间。海豹妈妈在生产之前会在水下吃得饱饱的，这样它能连续几天不进食。幼崽以脂肪量高的母乳为食。三个月时间，个头就会翻倍。出生后三个星期，海豹宝宝就能第一次下水游泳，并且学习捕食磷虾。

第一次袭击人类

豹斑海豹很少袭击人类，甚至会在科学家身边游泳。但是2003年7月22日，豹斑海豹袭击并杀死了海洋生物学家克里斯蒂·布朗，这是第一次有记录的人类死亡事件。随着越来越多的科学家去南极洲，这样的袭击事件可能增加。豹斑海豹的数量多达222000只，因此它们的威胁很少，唯一的威胁是虎鲸。对它们来说，最大的威胁也许是磷虾数量的减少。如果南冰洋继续被污染，那么这种情况很可能出现。

动物档案

常用名：豹斑海豹

学名：Lydrurga leptonyx（豹斑海豹）

栖息地：南极地区，极少延伸到南非和澳大利亚

体长：成年雄性约2.8米，成年雌性约3米。

体重：成年雄性约320公斤，成年雌性约370公斤。

食物：企鹅、其他海豹、鱼、乌贼、磷虾、海鸟、鸭嘴兽。

天敌：虎鲸。

现状：稳定。

海象

海象是一种北极哺乳动物，已经存在至少1400万年了。它体形非常大。它的名字来自荷兰语单词WAL（岸）和REUS（巨人）。它们可以长到4米长，有两颗尖长牙。

比北极熊还重

雄性海象重量可以达到800—1700公斤，它们乳白色的长牙，是决定谁是王者的标准。雄性和雌性都有长牙。长牙能够让它们稳定在95米左右深的海底，进行挖掘蛤蜊、蜗牛、虾、蠕虫和蚌等活动。它们每天进食两次，每次吃掉相当于身体重量四分之一的食物。它们带着年轮的长牙能够帮助它们在冰中砸出呼吸孔，还能帮助它们抵御北极熊和虎鲸。

厉害的胡须

海象的胡须很硬，大约有700根，排成13—15排，能够帮助它在水下探路。当海象在冰冷的水下时，它们厚厚的带有皱纹的像盔甲似的皮肤，会从肉桂色或粉红色变成近乎白色。它们全身有10厘米左右厚度的脂肪可以保持温度。它们在每年6月至8月期间会换掉它们的短毛。包括它们的长牙在内，海象有18颗牙齿，有两只眼睛，和两个小孔一样的耳朵。它们的听觉非常灵敏。海象通过胡须上方的口和鼻腔呼吸，海象游泳速度7公里/时，但是短距离的爆发速度可以达到35公里/时。

❀ 海象的长牙越长，它们在种群中的地位越高。

顾家的动物

海象三分之二的时间都在水中，其他时间在浮冰上或海滩上。海象很少单独行动，不过雄性海象和雌性海象通常各自聚居。一个海象群数量最多可以达到100只，它们之间用拍击声、哨声、吼叫声、低吼声、咕噜声、吠声、尖叫声、撞击声，还有类似钟声一样的声音来进行交流。母海象每两年生一胎，小海象出生在冰面上，重量约为45—75公斤，体长约为95—123厘米。小海象通常骑在母海象的背上，母海象进入水中后，会翻转过来喂奶。

🐾 海象有一层厚厚的皱纹皮肤，就像盔甲一样，为它与其他海象搏斗时提供保护。

行动方式

海象是鳍足动物，它们跟海豹和海狮一样，有无毛的鳍状肢代替四肢。方形一样的前鳍有五个指头，帮助它们在水中控制方向。它们的三角背鳍也有五个指头，起到螺旋桨的作用。脚蹼是用来在陆地上行走的。当它们潜水累了，能够将喉部下面的气囊充气，然后直立浮在水中。

动物档案

常用名：海象

学名：Odobenus rosmarus（海象）

栖息地：北极地区，-15—5℃。

体长：成年雄性2.7—3.6米，成年雌性2.3—3.1米。

体重：成年雄性800—1700公斤，成年雌性400—1250公斤。

寿命：35—50年。

食物：蛤蜊、蜗牛、虾、蠕虫、蚌，罕见捕食小海豹。

天敌：人类、北极熊、虎鲸。因为脂肪和肉，海象被广泛捕杀。它们的长牙用作做珠宝首饰和工艺品。

现状：受威胁。现存25万只海象，俄罗斯、美国、中国均有立法保护。

驯鹿

北美驯鹿是反刍动物。它们是游泳健将，甚至能在水中睡觉。冬季时，食物被冰雪覆盖，驯鹿能用鼻子挖出食物。北美驯鹿一直在移动中寻找食物。

鹿角

驯鹿是鹿家族中唯一雄性和雌性都有鹿角的种类。小鹿两个月大的时候，鹿角就开始生长了。雄鹿的鹿角比雌鹿的大。它们的鹿角可以长达125厘米，重6.8—9公斤。它们每年都换鹿角。每年4—10月，新的鹿角从两个残端重新长出。新的鹿角上覆盖着叫做天鹅绒的软毛。绒毛在鹿角长长后会渐渐褪去。

特殊的蹄子

驯鹿有大而宽的蹄子，能够在雪地和沼泽苔原中为它们提供支撑。当驯鹿在松软的雪地上行走时，宽蹄分散了驯鹿的体重。在夏季，苔原又湿又软，鹿蹄垫像海绵一样。冬季时，鹿蹄会变硬以防止它们滑倒。它们的蹄子在游泳时还能划水。它们的腿又长又细又壮。小鹿出生90分钟以后就能奔跑，这样才能跟上鹿群的步伐。在驯鹿的长腿中，静脉和动脉紧密相连。这有助于保持静脉血液的温度。因此，它们的腿能够保持在30—50℃的安全温度，帮助它们抵御寒冷。

🐾 驯鹿最长可迁徙4828公里。

驯鹿是食草动物，它们的食物包括地衣、莎草和柳木。

丰盛的食物

驯鹿成群结队地活动，它们在一个地方把食物吃完以后，继续移动寻找更多食物。在夏季时（5—9月），北美驯鹿的食物是小柳木、莎草的树叶、苔原的花。从10月开始的冬季，大多数的植物已经枯萎，它们的食物只能是地衣、枯莎草、蘑菇和小灌木。

长长的鼻子啊！

驯鹿的鼻子非常长，所以当外面的冷空气到达它们肺部时已经变温暖了。鼻子也让驯鹿有较灵敏的嗅觉，以弥补视力差的缺点。虽然驯鹿要非常近才能区分敌人和朋友，但它们的鼻子却能感受到一切危险。它们的大长腿能帮助它们迅速逃离。受到惊吓的驯鹿最大时速可以达到每小时80公里。人类、狼、熊，甚至是金雕都会对它们构成威胁，因为金雕会猎食新生驯鹿。它们还会受到蚊子和苍蝇的困扰，所以它们经常爬到较高且凉爽的地方逃避蚊子和皮蝇。

动物档案

常用名：驯鹿

学名：Rangifer tarandus（驯鹿）

栖息地：北极冻原。

重量：成年雄性159—182公斤，成年雌性80—120公斤。

幼崽：约6公斤。

身高：约1.2米。

体长：约1.8米。

食物：地衣、莎草、柳木。

天敌：狼、鹰和熊。

现状：稳定。

更多北极动物

亚洲北部、欧洲和北美的部分地区都属于寒冷的北极地区。这些地区的动物们都有厚厚的皮毛，且颜色会发生改变以融入白雪的环境。臭鼬、熊和花栗鼠等动物会在冬季时冬眠，以保存能量。

麝牛

棕色的麝牛全身都毛茸茸的，即使乳房上也有毛，它们的皮毛非常保暖。10厘米厚的皮毛帮助它们能够在北极冬季−34℃的低温下生存。它们以能找到的所有植物为食。它们的角像头盔一样覆盖头部。年纪较长的公牛带领牛群。当受到敌人攻击时，公牛会用角攻击敌人。在冲锋之前，它把鼻子压在膝盖上，从鼻子附近的腺体中释放出麝香。

🐾 尽管有这么多的皮毛，麝牛依然因被蚊子叮咬鼻子而困扰不堪。

🐾 北极兔的皮毛有助于它融入雪地环境。

北极兔

北极兔的皮毛有助于它们藏身。冬季时，它们的长毛变成白色。夏季时，冰雪融化，大地显露出来，它们的耳朵尖变成了灰棕色。大脚帮助它们在雪地中奔跑。因为在北极冰冻的地表挖地洞非常困难，北极兔住在岩石斜坡的巢穴中。它们的食物包括柳木、草、花和红莓苔子的各个部分。北极兔为了保护自己通常是群居。当狼或者狐狸攻击时，它们四散逃走，迷惑袭击者，这让它们看起来非常像跳跃的大雪球。每窝兔子会有4—8只兔宝宝，通常在六月产崽。

狼獾

狼獾跟狼没有亲戚关系。这种害羞但凶猛的动物与鼬鼠是近亲。它们很聪明，会把自己隐藏得很好。狼獾的名字是贪吃的意思，但它们并不会吃得过多。狼獾会捕猎，但它们主食是动物尸体。即使它们找到大型动物，也只吃它们所需要的，然后会把剩余的部分埋进雪里，以后再吃。它们会在剩下的食物上喷上特殊香味的分泌液，警告其他动物不要碰。毛茸茸的大脚让它们能够在雪地里飞驰捕捉猎物。它们视力不好，但却能追上像驼鹿这样的大型猎物并使其疲惫不堪。有时候，它们会爬上岩石，然后突袭猎物。

🐾 狼獾整体为灰棕色，脸部和身旁有淡黄色皮毛。

北极狐

北极狐比其他陆地哺乳动物生活得更靠北。它拥有所有北极动物中最温暖的皮毛。夏季，冰雪融化，大地显露出来，它的皮毛是灰棕色，而冬季则会变为白色。它有一条又长又粗的尾巴，能够帮助自己奔跑时转向。在睡觉时，尾巴还能让鼻子和脚掌保持温暖。北极狐独自捕猎，它们的食物是旅鼠和鸟类。

动物档案

常用名：北极狐

学名：Alopex lagopus（北极狐）

高度：前肩为25—30厘米。
体重：2.7—4.5公斤。
颜色：冬季为白色，夏季为灰棕色。
猎物：旅鼠、苔原田鼠、鸟类。

南极海洋动物

　　南极洲的海洋每平方公里的动植物数量，是世界其他海洋的四倍。富含氧气的冷水适合海洋生物。南极海洋中有显而易见的食物链，并且运作良好。

鲸鱼

　　在夏季才能看到南极海洋的鲸鱼，因为在冬季海水结冰了，它们会游向北方。南极海洋中一共有两大类鲸鱼，包括6种须鲸和4种齿鲸。鲸须是鲸鱼口中的毛状过滤器，它能把磷虾、小鱼和其他食物留在嘴里，让喝进来的水和其他东西流出去。须鲸包括蓝鲸，是世界上最大的动物。蓝鲸可以长到24米长，体重达到140吨。其他须鲸包括鳍鲸、南露脊鲸、鳁鲸、小须鲸和座头鲸。齿鲸包括抹香鲸、巨齿槌鲸和阿氏鲸，它们的食物是鱼和乌贼。

是什么在发光?

　　1840年，詹姆士·克拉克·罗斯的探险队抓住了第一条南极鱼。南极海洋中生活着几种奇怪的鱼。灯笼鱼有巨大的眼睛，腹部的发光器可以吸引它们的猎物。南极犬牙鱼有一张大嘴和狗一样的犬牙。七鳃鳗进入淡水区产卵就不再进食，在产卵后会很快死去。这些鱼的食物是磷虾、小型植物和蟹。

🐾 鲸鱼是通过气孔呼吸空气的哺乳动物。

鱼类

南极海洋里有大约200种鱼类，其中最大的是南极鳕鱼，它的体长可以达到1.5米，重达25公斤。其他鱼类包括了深海龙鱼、银鱼、海螺、鼠尾鱼、八目鳗类鱼、梭鱼、灯笼鱼和鲻鱼。南极鱼类中有一些是体内没有血红蛋白的脊椎动物。这让它们的体内循环更慢，可以节省消耗。冰鱼和鳕鱼可以在南极生存，因为它们的血液中含有糖蛋白或抗冻剂。

🐾 磷虾在没有食物的情况下也能存活200天。

磷虾

磷虾是一种体形很小，长得像虾的生物。南极磷虾是世界上85种磷虾之一。磷虾在水中成群结队，面积可以达到好几平方公里，在深海中看起来像是红色的浪。它们只在晚上才浮上水面，磷虾在南极食物链中非常重要。磷虾的食物包括硅藻、有硬骨架的海藻等藻类和浮游植物或者微小植物。鸟类、鱼、乌贼、海豹和鲸鱼都以磷虾为食。

动物档案

常用名：磷虾

学名：Euphausia superba（南极磷虾）

体长：成年磷虾7—8厘米。

体重：约1克。

天敌：人类、鱼类、鸟类、海豹和鲸鱼。

北极鲸

　　北冰洋生活着三种鲸鱼：弓头鲸、白鲸和独角鲸。它们的身体有足够的脂肪，可以在北极冰冷的海水中生存。所有的鲸鱼都需要有良好的听觉，因为水下太暗，看不清楚。

弓头鲸

　　弓头鲸因为它们像琴弓一样的大头而得名，头占到了它们身长的40%。它们的头非常坚硬，甚至可以打破厚厚的冰层。它们有大嘴巴、小眼睛和大嘴唇。弓头鲸游泳时嘴巴张开，边游边吃。弓头鲸的嘴巴排列着350对黑色鲸须板和银色刷毛。弓头鲸主要在夏季向北游泳的时候进食。它们的食物包括各种鱼和虾。水通过它们的鲸须流出去，食物则留在它们的嘴里。

会唱歌的鲸鱼

　　弓头鲸一般3—50头地成群活动。它们可以潜水15分钟，深度可达155米。它们通过头顶的两个气孔呼吸。秋季时，它们向南迁移，然后在那里产崽。小鲸鱼出生在水面附近，体长约5米，体重4.5—5.4吨。出生后不到半个小时，它们就会游泳。小鲸鱼在一年的时间里以鲸鱼妈妈的母乳为食。弓头鲸能够发出跨七个八度音阶不同的声音。这有助于它们找路，并保持在一起。它们有一层50厘米厚的脂肪，帮助它们度过冬天。

🐾 鲸须是由角蛋白组成的薄而长的板，其边缘有松散的角蛋白线，起到了很好的过滤作用。每种鲸鱼都有自己独特颜色和大小的须毛。

🐾 声音和回声帮助鲸鱼交流、捕猎和寻找呼吸孔。

❈ 独角鲸用它们长长的尖牙争夺配偶。它们也用这些牙齿寻找食物。不过，在猎食中，它们并不使用尖牙。

独角鲸

独角鲸的名字，在古挪威语中的意思是鲸鱼尸体，因为它们蓝灰色的皮肤上有白色斑点。独角鲸是一种不寻常的鲸鱼。它们有长长的尖牙，以至于在古代传说中，它们被误认为是神奇的独角兽。独角鲸有两颗上齿。当雄性一岁时，它的左牙开始螺旋状生长，呈逆时针旋转，长约2—3米。它们的头是圆的，鼻子粗，嘴小，圆柱形的身体被鲸脂包裹。每个鲸群通常有4—20头，每群鲸鱼都是单性的。

吵闹的独角鲸！

独角鲸的寿命约为50年。它们的声音很大，是非常吵闹的动物，它们发出尖叫声、咔嚓声和哨音，来找到彼此和进行导航。独角鲸可以潜水，并在水下停留7—20分钟，同时寻找鱿鱼、鱼、虾和其他小生物。幼鲸有光滑的棕色皮肤，母鲸会照顾它们到四个月大。

动物档案

常用名： 独角鲸

学名： Monodon monoceros（独角鲸）

体长： 成年雄性约4.9米，成年雌性约4米。

出生长度： 约1.5米。

体重： 成年雄性约1632公斤，成年雌性约1000公斤。

出生重量： 80公斤。

数量： 约45000头。

天敌： 人类、北极熊、虎鲸、鲨鱼、海象。

现状： 濒危。

虎鲸

　　虎鲸是海豚家族中体形最大的。它们分布在许多海洋中，主要集中在北极和南极。它们比很多鲸鱼小，身体两头呈锥形。一群虎鲸通常有100头。雌性虎鲸和幼鲸游在中间，雄性虎鲸游在外围。它们通过头顶上的喷水孔呼吸。

❀ 虎鲸的身体是乌黑色的，眼睛、下巴、肚子和两侧有白色的斑块。

包围猎杀

　　虎鲸的食物有鱼类、乌贼、海豹、海狮、海象、鸟类、海龟、水獭、企鹅和北极熊，甚至有时候还有麋鹿。它们成群结队捕杀猎物，在攻击之前会把猎物逼进一个小范围，它们甚至可以杀死世界上最大的动物蓝鲸。有时候，它们会滑进沙洲和冰上追捕猎物。它们属于齿鲸，一共有40—56颗尖牙，每颗约7.6厘米长，这些牙齿紧密排列在一起，用来撕咬猎物。它们甚至可以把整只小海豹或小海象吞下。

照看幼鲸

　　虎鲸幼崽出生时长约2.6米，体重在136—181公斤之间。虎鲸一出生就会游泳。最初几天，背鳍和尾叶是软的，但是随着幼鲸年龄增长，背鳍渐渐坚硬。幼鲸会在母鲸身边待一年。它们两到三个月就会长出上牙，下牙要等到四个月大开始吃鱼时才会长出。幼鲸出生后几天就能发出声音，随着它们长大，它们的发音能力也不断增强。

偷窥！

　　虎鲸的视力非常好，听力比人类还敏锐。它们充满脂肪的下颌骨帮助声波传到它们的耳朵。它们发出咔嚓声，然后等待回音，如此它们能在黑暗的水里避免碰到坚硬的物体。它们眼睛在头的两侧，黑色身体上有两个白色假眼点。耳朵就是在眼睛后面的小开孔。它们的猎物会误以为它们的假眼点是真的眼睛，而对其发出攻击。虎鲸可以把头抬出水面进行观察。它们没有声带，但能发出包括咔嚓声、低吼、咕哝、哨声和吱吱声在内的各种声音。

优秀的泳者

　　虎鲸比大多数的海洋哺乳动物游得快，它们的速度可以达到每小时48.4公里。它们能够潜到水下30.5—61米，并在水下停留4—5分钟，心跳会从每分钟60次下降到30次。它们在潜水之前，会充分吸气并关闭喷水孔。当它们浮出水面后，喷水孔打开，呼出气体。虎鲸的皮下有一层7.6—10厘米厚的脂肪，帮助它们保暖。

动物档案

常用名：虎鲸

学名：Orcinus orca（虎鲸）

栖息地：北极和南极地区。

体长：成年雄性5.8—6.7米，成年雌性4.9—5.8米。

体重：成年雄性3628—5442公斤，成年雌性1361—3628公斤。

食物：鱼类、乌贼、海豹、海狮、海象、鸟类、海龟、水獭、企鹅、北极熊。

现状：南极有70000—180000头。它们不是濒危物种。

🐾 虎鲸几乎没有天敌，因此它们可以舒服地活到50—80岁。

🐾 尽管虎鲸的名字有捕食者和杀手的意思，但从未有过虎鲸杀人的报道。

格陵兰鲨鱼

格陵兰鲨鱼游得非常慢，它们又被叫做小头睡鲨。格陵兰鲨鱼可以在非常寒冷的水中生存，在北极和南极都能看到它们的身影。大多数的格陵兰鲨鱼身长2.4—4米。有记录以来最大的格陵兰鲨鱼有6.5米长。

黑美人

人类对格陵兰鲨鱼的了解很有限，因为比起其他鲨鱼，它们喜欢生活在较深的水域。格陵兰鲨鱼呈灰黑色，鼻短，有圆柱形的身体，以及两个小而无骨的鱼鳍。它们的牙齿周围有薄薄的嘴唇，跟它们大型的身体并不相称。不过锯齿一样的牙齿弥补了大小的不足。它们的上齿长，密集的下齿是扁平的。纽因特人把它们的上齿当作小刀用，把下齿用来剪头发。

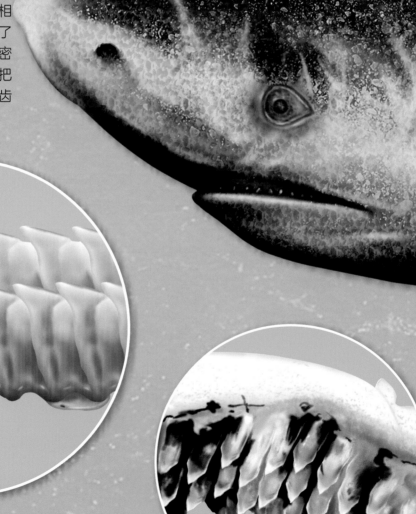

下齿

🐾 这样密集的牙齿让格陵兰鲨可以撕开并咀嚼大块的肉。

上齿

大家族

　　格陵兰鲨一次大约产下10只幼鲨，每只幼鲨鱼约有38厘米长。它们有短而宽的尾巴，是瞬间爆发速度的理想搭配，这使得一些生物学家相信，这些鲨鱼并不像最初想象的那么迟钝。冬季时，它们会下潜到更深的海域。雌性鲨鱼比雄性鲨鱼大。幼鲨长得很慢，因为它们周围的冰太冷了。

🐾 格陵兰鲨鱼肉对其他动物是有毒的。

非同寻常的油脂

　　格陵兰鲨鱼的肝脏富含油脂，这也是它们被捕杀的原因。一只鲨鱼可以产出114升的油，这些油脂有助于鲨鱼漂浮和游泳。这些油含有丰富的对健康有利的维生素A和D。纽因特人用鲨鱼皮制作靴子。

奇怪的朋友

　　有一种发着淡黄色的光，只有3毫米大小，长得像虾的桡足动物，总是粘在鲨鱼的小眼睛上。尽管桡足动物经常让鲨鱼看不见，但它们发出的淡黄色光却可以吸引猎物。格陵兰鲨鱼的食物包括绯鱼、鳗鱼和三文鱼等鱼类，海豹、鼠海豚甚至是鲸鱼尸体。它们袭击人类的记录只有一次。因为它们生活在比其他鲨鱼都深的400—600米水域，在那里几乎没有光，因此它们只能依靠自己敏锐的嗅觉觅食。当猎物靠近时，它们会猛然吸气，1米以内的食物都会被它吸入嘴里。

企鹅

　　企鹅是短腿的鸟类，但不会飞。企鹅这个名字最初是给一种看上去长得像企鹅的大海雀的。不过，这种大海雀已经灭绝了。

只在南极洲有企鹅吗？

　　北极没有企鹅，可能是因为那里的天敌太多了。这些天敌包括熊、狼、狐狸、鼠，还有人类。人类在16世纪将大海雀猎杀至灭绝。南极的5种企鹅中，最常见的是帝企鹅。阿德利企鹅的名字是它的发现者杜蒙·德威力，在1840年以自己妻子的名字命名的。

非常适合寒冷地区

　　企鹅的羽毛小而硬，并且很密。外层有长而光滑的羽毛，可以防水防油。内层短而蓬松的绒毛可以锁住空气，保持温暖。它们会一年换一次羽毛。当它们感觉热的时候，会抖松羽毛让空气流通。在陆地上，企鹅的视力并不好。它们通过声音辨认彼此。企鹅通常伏在自己的肚子上休息。阿德利企鹅和帝企鹅在孵蛋的时候站着睡觉。大多数新孵出来的幼崽有柔软的羽毛，颜色呈白色、灰色、黑色或棕色。但是这时候的绒毛还不防水，所以小企鹅不能碰水。

🐾 企鹅在游泳时用脚来控制尾巴以辅助转向。

🐾 企鹅把它们的小翅膀当作是鳍，用带蹼的脚掌划水。

看！谁在钓鱼！

　　企鹅在游泳的时候，用它们的喙抓住猎物，并将食物吞下。它们是游泳好手，可以下潜到500米深。它们可以在水下停留几分钟，呼吸的时候才露出水面。它们必须警惕贼鸥、豹斑海豹和虎鲸。雄性帝企鹅通常聚集在一起抵御严冬风暴，它们排列的队形被称为龟形，这是取名自一种罗马士兵的防御阵型。幼年企鹅聚集在一起被称为企鹅托儿所，是法语词育儿堂的意思。企鹅是不能飞行的短腿鸟。

吵吵闹闹的企鹅！

　　企鹅是又吵又闹的鸟类。阿德利企鹅为了筑巢地点、筑巢的石块和鹅卵石，甚至其他企鹅太靠近它们巢穴，都会大打出手。它们嘶叫、摇晃、用嘴啄、用它们瘦削的鳍击打对手。它们还会从其他巢穴偷来鹅卵石。当幼崽长大后，企鹅来到海边觅食，留下的成年企鹅为它们的下一个巢穴收集和隐藏鹅卵石。这对率先返回巢穴的企鹅来说是丰盛的奖品！企鹅走起来很笨重，它们用胃当作平底雪橇一样在地上滑行。它们喜欢跳出水面又潜入水下嬉戏。

动物档案

常用名：企鹅

学名：Spheniscidae（企鹅）

栖息地：南半球至南极洲。

体长：最长的成年帝企鹅1.2米，最短的成年仙女企鹅41厘米。

体重：最大的成年帝企鹅有27—41公斤，最小的成年企鹅仅约1公斤。

食物：鱼类、磷虾、乌贼、甲壳动物。

天敌：贼鸥、豹斑海豹、虎鲸、大海燕、鲨鱼。

现状：稳定。

一个企鹅群。

帝企鹅

　　帝企鹅是世界上最大最重的企鹅。它有一个大脑袋，有优雅的黑色外衣，黑色的短翅膀，蓝灰色的脖子，白色的前额，橙色的耳罩,尖尖的喙和短短的尾巴。帝企鹅整年都生活在南极洲。它们的寿命可以长达20年。

骄傲的企鹅爸爸

　　帝企鹅是南极洲唯一在冬季繁衍后代的鸟类。雌性企鹅在5月产卵，那时候的气温大概是-62℃。然后把蛋滚到雄性企鹅的脚边，如果雄性企鹅无法把蛋抱起来，这枚蛋就会被冻成冰。雄性企鹅用育儿袋——它们胃部的折叠皮肤孵化企鹅蛋。为了让企鹅蛋保暖，雄性企鹅们会形成龟形聚集在一起。

企鹅托儿所

　　企鹅父母会用它们胃里的食物喂养小企鹅。当小企鹅长到7周大的时候，它们会加入一群小企鹅的群体，被称为企鹅托儿所。小企鹅在托儿所里安全又温暖。当父母来喂食时，它们会辨别出父母的呼唤。企鹅能在1公里以外听见家人的呼唤，这有助于它们找到自己的家人。

🐾 帝企鹅

🐾 母企鹅产卵后会离开，9周后返回来喂养它们的小企鹅。

帝企鹅的食物

与大多数以磷虾或小虾为食的企鹅不同，帝企鹅还会吃鱼和鱿鱼，它们用尖嘴捕捉。它们可以潜到水下150—200米，并在水下停留5—8分钟。潜水的最高纪录是310米深，在水下停留最长时长纪录是18分钟，因此它们成为了鸟类中最好的潜水员。饥饿的小企鹅会前后摆头，当父母向下看时，小企鹅碰到它们的喙，企鹅父母就喂食。

是母亲还是父亲？

雄性帝企鹅和雌性帝企鹅长得很像。它们抚育后代的时候都会变瘦，所以很难区别雌雄。唯一的区别是雌性的叫声更尖。帝企鹅有一层皮下脂肪帮助它们保暖。20世纪时，人类为了获取这种脂肪而大量猎杀帝企鹅。小企鹅的羽毛下脂肪更多。帝企鹅比飞鸟的羽毛还要多。它们的羽毛油滑，虽然短小但坚硬，排列非常密集。

动物档案

常用名：帝企鹅

学名：Aptenodytes forsteri（帝企鹅）

栖息地：南极洲。

体长：成年雄性约120厘米，成年雌性约115厘米。

体重：成年企鹅在繁殖季节，雄性和雌性体重会有波动，大约27—42公斤。

食物：鱼类、乌贼、甲壳类动物。

天敌：豹斑海豹、虎鲸、大海燕、鲨鱼。

数量：四岁以下幼年企鹅不计算在内，估计有200000对帝企鹅。

现状：稳定。

🐾 这些羽毛有助于企鹅进行腹部摆动和滑动，而不会湿透。

南极有45种鸟类，其中有35种会从海中觅食。它们在水中捕食磷虾、鱿鱼和鱼类。它们在陆地上几乎没有天敌，所以幼鸟们很安全。冬季结束以后，阿德利企鹅率先回来，然后是海燕和贼鸥。包括鸬鹚、针尾鸭、鞘嘴鸥、海鸥、燕鸥、鹱鸽和信天翁在内的，数以百万计的鸟类在这里度过夏日，然后在冬季时飞往北方。

🐾 大多数的海鸟都有防水的羽毛和一层脂肪帮助它们保暖。

信天翁

信天翁是地球上最大型的鸟类之一，漂泊信天翁是飞行好手。它们在水面附近寻找食物，有时候飞行范围可以覆盖数百公里，它们通常在晚上进食。雌性信天翁每次只产一枚蛋，这在鸟类中是非常罕见的。信天翁的自然寿命可以达到50—60年，但是却被人类大量猎杀。漂泊信天翁因为它们的长距离飞行能力而得名，飞行距离通常达到了10天飞行10000公里，有些甚至可以环绕地球。它们在11月到达南极进行繁殖，在草地上栖息，用泥土或者草筑巢。它们在12月产卵，一直孵化到次年4月，那时是南极洲的冬季。幼鸟以小鱼和鱿鱼为食。信天翁是白色的，在胸脯、颈部和上背部有黑色波浪形的曲线。它们的喙是粉黄色的。幼鸟通常需要9年时间才能拥有跟它们父母一样的羽毛颜色。

🐾 鸬鹚反刍食物喂养幼鸟。

贼鸥

贼鸥是非常聪明的迁徙性水鸟，经常从北极飞到南极。它们是被遗弃的企鹅雏鸟和企鹅蛋的主要敌人。它们在9月到达南极，并在11月到次年1月期间产卵。母贼鸥和公贼鸥会拼命保护它们的蛋。蛋孵化成幼鸟需要1个月的时间，2个月后，幼鸟就可以飞行了。

🐾 贼鸥的食物包括鱼类、乌贼等。

鸬鹚

鸬鹚是潜鸟。它们猛扎进水里抓包括鳗鱼、鱿鱼，甚至水蛇。它们可以潜到水下12米。在水下，它们的脚可以划水前进。回到陆地上后，它们会伸开翅膀将水抖掉，因为它们的深色羽毛不防水。它们有一个又长又细又尖的钩状喙，脚蹼上有四个趾头。鸬鹚栖息在树上或者悬崖上，它们的蛋是淡蓝色的。雄性鸬鹚和雌性鸬鹚都会照顾后代。

动物档案

南极鸟类

食物： 乌贼、鱼类、企鹅蛋、幼鸟、垃圾、腐肉。

适应方式： 防水羽毛、脂肪层。

天敌： 人类（信天翁被成群结队的渔船捕获）。

现状： 信天翁易危。

海燕

海燕可能是世界上数量最多的鸟类，其数量多达数百万。在南极繁殖的威尔逊风暴海燕最多。它们用呕吐这种非常奇特的方法吓退敌人。这个习性让它们获得了"臭鬼"的称号。海燕用成堆的鹅卵石筑巢。它们以动物腐肉为食。有时候，它们由于吃得太多飞不起来了，所以它们会吐出一些吃下的东西，来减轻重量起飞！

🐾 海燕往往飞到海浪的正上方，有时它们看起来像在水面上奔跑。

雪地猫头鹰和矛隼

在北极短暂的夏季之后，数以百计的鸟类从北方飞回这里，繁育后代。这些鸟类包括海雀、雪雁、鹬鸰、鹬、鸭子、海鸥、潜鸟、雷鸟、矛隼和雪鸮。随着南极冬天的到来，大多数鸟类又往温暖的北方迁徙。

雪地猫头鹰

哈利·波特的宠物海德薇就是一只雪地猫头鹰。这种鸟很强壮。雄性都是白色的，而雌性和幼鸟有一些黑色的羽毛。这些黄眼睛的猫头鹰能够在严寒环境中生存，它们厚厚的羽毛甚至覆盖了它们的脚。雪地猫头鹰在巨石上筑巢，有时还会将闲置的鹰巢作为自己的巢穴。雌性每次产蛋5—14枚，产蛋会持续好几天。幼鸟在5个星期后孵化出来。

是早上好还是晚上好？

在北极，有些时日是没有黑夜的，雪地猫头鹰就会整天一直捕捉旅鼠或其他啮齿动物，以及其他鸟类的幼鸟。雪地猫头鹰能够发出各种各样的叫声，从警告声到类似音乐的声音。它们用强健的喙拍打吓走敌人。雪地猫头鹰的生命周期取决于它们的主要食物——旅鼠的数量。

🐾 雪地猫头鹰可以在严寒中生存。

🐾 冬季时，雪鸮、矛隼、雷鸟和渡鸦会留在北极地区。

矛隼

矛隼是世界上最大的隼，也是少数几种羽毛从深灰色渐变到白色的鸟类之一。矛隼是捕猎好手，在中世纪时，只有国王才有资格带矛隼去打猎。它们有钩状的喙和爪子。它们在岩架上筑巢，有时使用其他鸟类的巢穴。它们每次下蛋3—5枚，孵化需要一个多月的时间。雏鸟大约7周后可以飞行。

敏捷的猎手

矛隼以其他鸟类为食，比如不会飞的雷鸟和松鸡，它们的食物还包括松鼠和旅鼠之类的小型动物。它们还会捕捉海鸟。矛隼的飞行轨迹非常特别。在猛扑向猎物之前，它们会向上飞一小段然后直扑而下。它们是非常优秀的猎手，甚至在飞行中也能抓到猎物。

动物档案

常用名：矛隼
学名：Falco rusticolus（矛隼）

栖息地：北极地区。
体长：50—63厘米。
体重：最重可达2.1公斤。
翼展：最长可达160厘米。
食物：小型鸟、松鼠、旅鼠。

🐾 矛隼这个名字来自于法语gerfaucon，用中世纪的拉丁语写出来是gyrofalco。有些人说这个名字来自于古德语giri，是贪婪的意思。

带毛的访客

夏季时，成千上万的候鸟会来到北极进食和筑巢。它们利用漫长的白天喂养它们的幼崽，大多数的候鸟夜间飞行。在迁徙开始之前，它们会在黄昏时分变得焦躁不安。这种焦躁被称作迁徙兴奋。当它们迁徙时，这些鸟类面临着包括恶劣天气在内的危险，许多鸟类在途中还会被其他动物猎杀。

冻原天鹅

雪白色的冻原天鹅是北极地区最大的鸟类。它们的脖子长、腿短，黑色的喙上有黄色斑点，腿脚皆为黑色。当它们迁徙时，通常会整夜飞行。到5月时，它们会定居在北极，在岛屿上筑巢。它们通常会回到之前的巢穴。天鹅们一生结对，终年相伴。雏鸟被叫做小天鹅，它们需要一年的时间学习如何照顾自己。10月初，它们开始准备离开北极，它们的飞行高度在609—1200米。

西伯利亚鹤

西伯利亚鹤是一种白色的大型鸟类，从喙到眼睛后面有一块红色斑块。它们的腿是浅红色的。雌鹤的喙比较短。它们一生中大多数时间都在水里或水的周围，它们甚至在沼泽地中筑巢。西伯利亚鹤的食物包括水果、浆果、啮齿动物、鱼类和昆虫，也会挖出沼泽地中的植物根茎作为食物。作为它们求偶的一部分，鹤会一边跑跳一边扇起它们的翅膀跳舞或鞠躬，以此吸引对方。

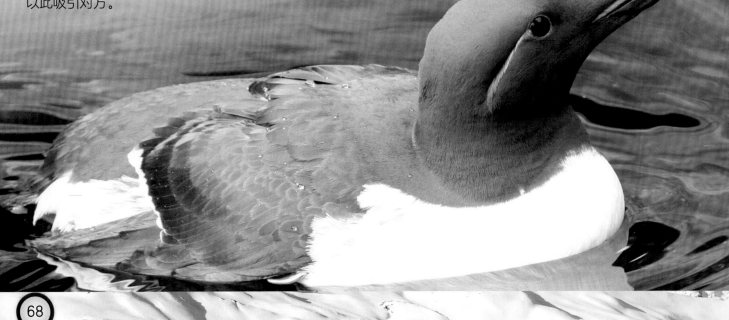

🐾 北极燕鸥的红色喙薄且尖，有红色的短腿。它们能发出非常高的尖利声。

🐾 其他来到北极的候鸟包括海雀、雪雁和北极燕鸥。

稀树草鹀

　　稀树草鹀的体形只比你的手掌大一点。这种小鸟能每年飞行9656公里。它们在夜间成群结队飞行，每10—100只一组。飞行数百英里不用休息。它们在5月末或者6月初飞到北极地区筑巢。雄鸟通过唱歌来吸引雌鸟。许多稀树草鹀终生结对，喜欢在以前的巢附近筑巢。它们在草地中挖隧道，以保证雏鸟的安全。

北极燕鸥

　　北极燕鸥是一种海鸟，喜欢夏季气候。每年5月和6月，它们在北极度过北半球夏天，然后就往南方迁徙，在那里度过11月和12月的南半球夏天。北极燕鸥是飞得最远的鸟类，它们单边飞行19000公里，平均一生的飞行距离相当于从地球到月球的往返距离。北极燕鸥通过潜入海里捕鱼进行觅食，通常雄燕鸥会将部分捕获物提供给雌燕鸥。

动物档案

常用名：北极燕鸥

学名：Sterna paradisaea（北极燕鸥）

体长：30—38厘米。

体重：约900克。

颜色：头部白黑色、橘色喙、翅膀下面为黑色。

繁殖：每次产蛋1—3枚。

食物：鱼类、磷虾、昆虫。

濒危极地动物

每年，有54亿吨的二氧化碳气体排放进大气中。所有的动物都会呼出二氧化碳，这是一种能够吸收热量的"温室气体"。就像温室吸收热量一样，二氧化碳吸收了热量，阻止热量散发到太空中。人类的许多行为，比如燃烧化石燃料驾驶汽车，也会产生二氧化碳。一部分二氧化碳在水中溶解，一部分通过植物和树木的光合作用转化成了氧气。

北极

从20世纪50年代起，南北两极的气温一直在上升。再过50年，两极的温度可能会再升高3—5℃。温度升高使北极的冰盖融化，多余的水流进了河流和海洋。过度的农耕和畜牧业使这一问题更加严重，此外森林砍伐增加了另一种温室气体甲烷的含量。工厂还产生了其他一些气体使地球变热。随着地球越来越温暖，南方的树种向北迁徙，开始取代苔原带。如果温室气体量不减少，100多年后苔原可能彻底从北极消失。

🐾 二氧化碳含量的增加导致地球变暖。

南极

自1945年以后，南极洲北部的气温上升了2.5℃。永久性的冰架正在融化。在过去的20年中，已经在融化的永久冰架融化速度越来越快。如果这一趋势继续，南极西部的冰盖彻底融化，可能将使海平面最高上升5.8米。世界各地的许多沿海地区都会被洪水淹没，树木和栖息地也会遭到破坏，数百万人和动物流离失所。2002年1月，面积达3250平方公里的拉森-B冰架北段坍塌，这是30年来最大的一次崩塌。自20世纪50年代以来，南极洲表面的永久冰架一直在减少。

🐾 地球温度与1860—2000年地球平均温度的偏差。

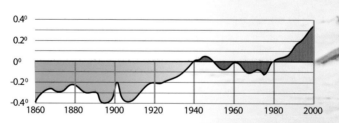

来源：政府间气候变化委员会，《科学》期刊，彼得·韦布斯特

冰雪融化不只威胁着极地地区的生命，也会带来危险的全球效应。

危险！

北极熊沿着冰面行走，寻觅在冰山上玩耍和生活的海豹作为食物。由于北极的冰比以前融化得更早，它们的寻觅范围不断缩小。北极熊比50年前轻了80—85公斤，因为它们在7个月的觅食期内能找到的食物减少了。在北极熊幼崽长出足够的脂肪之前，它们栖息的雪洞会融化坍塌。因为受不了寒冷，幼崽的死亡率上升了10%。在南极，因为冬季活动范围的缩小，阿德利企鹅的数量在过去的25年里下降了33%—50%。在海豹、鲸鱼、北极熊和鸟类数量下降的同时，有害的昆虫正在进入极地地区，因为气温没有以前冷了。这些昆虫可能传播疾病、啃食植物、破坏极地地区的生态系统。

最近的研究证明，北极熊已经瘦了10%，因为北极冰层每年融化的速度都在增快，北极熊寻找猎物变得越来越困难。

雨林环境

雨林，顾名思义，这些地区雨量充沛，有助于森林生长。雨林是无数动植物的家园。

不同的层次

热带雨林有不同的层次。每一层都生活着各种各样的动物。雨林的露生层由最高大的树顶构成。树冠层形似树叶做成的雨伞。两者都是许多昆虫、鸟类、爬行动物、哺乳动物以及少数两栖动物的栖息地。树冠层和地面层之间的林下叶层是一片静寂、黑暗的区域，是许多蝴蝶和鸟儿的家园。地面层也生活着种类繁多的生物。

雨林的作用

雨林中的土壤层厚度只有7.8—10厘米，这层土壤含有许多腐烂的树叶和动物尸体。热带雨林占据了地球约七分之一的面积。树林可以吸收二氧化碳，释放大量人类生存所需要的氧气。树林还盛产食物，比如坚果、香蕉、肉豆蔻、咖啡豆和茶叶，以及有用的材料，比如橡胶。我们也可以利用雨林中的植物来制造药物，例如小长春花、金鸡纳树等。

🐾 腐叶以及动物尸体可以提供养分，保持水分以及补充土壤。

🐾 雨林中的青蛙皮肤光滑，颜色鲜艳。

雨林动物

世界上超过一半的动物都栖息在雨林中，构成了一个繁衍生息的动物王国。雨林的气候温暖，水量充沛，给动物们提供了舒适的生存环境。一些动物也进化出了独特的保护措施，比如竹节虫是伪装大师，保持静止不动几乎不能看出它们。树獭行动缓慢，这能避免捕食者的注意。珊瑚蛇毒性很强，几分钟内就能使敌人丧命。麝雉通过散发一种难闻的气味来驱赶捕食者。甲壳虫、黄蜂和千足虫可以通过模仿行军蚁的气味来迷惑它们，引诱它们，然后吃掉它们。

❖ 树蛙的脚通常没有蹼，有黏性的脚趾帮助它们爬树。

❖ 青蛙爬上树时用它那特别的黏脚趾抓握。

雨林植物

雨林植物用各种不同的方法来适应雨林气候。兰科植物生长在高高的树上，它们的气根可以吸收空气里的水分。蕨类植物也长在树上。藤本植物或者攀缘植物，会将它们的气根悬垂下来，便于幼小的植株攀爬。植物的生存离不开光照，而雨林中的树冠层遮挡了大部分的阳光，树木需要快速生长来争夺阳光，因此雨林里的树木又高又细。其中一些树，如红树林，它们的树干上长出支柱根，与主干保持平衡，同时支撑树木。巨大的叶子有助于植物吸收尽可能多的阳光。有些树的叶柄可以随着太阳的移动而转动，以最大限度地捕捉阳光。

雨林中的两栖动物

　　蚓螈、火蝾螈和青蛙都是雨林中的两栖动物。两栖动物依靠皮肤来呼吸，它们需要保持皮肤湿润，因此它们大部分时间都待在水里。

蚓螈

　　蚓螈也叫橡皮鳗和西西里虫，形似蚯蚓或者鳗鱼。蚓螈在雨林湿润的土壤里穴居。这种脊椎动物有下颌和两排牙齿。蚓螈几乎完全看不见，因此主要依赖触须行动。蚓螈身长约为12.7—35.5厘米，宽约为0.6—2.5厘米，以昆虫和蠕虫为食。它们的天敌包括鸟类、鱼类、蛇类等。

蝾螈

　　蝾螈身体细长、四肢短、尾巴长，形似蜥蜴，但是没有鳞片。跟蜥蜴一样，这种脊椎动物拥有断肢再生的能力。大多数蝾螈都没有肺或者鳃，它们一般通过湿润的皮肤来呼吸。大多数雌性蝾螈在水中产卵。火蝾螈皮肤颜色鲜艳，具有毒性。受到威胁时，蝾螈的皮肤会分泌毒液来保护自己。蝾螈以昆虫和蠕虫为食，它们的敌人包括蜥蜴、鸟类和蛇类。

🐾 蚓螈没有四肢，体表有缢纹环绕，形似蚯蚓。

🐾 火蝾螈主要生活在陆地上，通常返回水面只是为了繁殖。

🐾 有些毒蛙的毒性主要来自于它们所吃的带有毒性的昆虫。

动物档案

常用名：金箭毒蛙

学名：Phyllobates terribilis（金箭毒蛙）

栖息地：中美洲和南美洲。

体重：约28克。

食物：蜘蛛、昆虫。

天敌：人类。

现状：栖息地遭到破坏，受到很大威胁。

❧ 大多数的箭毒蛙栖居于地面的落叶层，以小型昆虫为食。

青蛙

雨林里到处都是各种奇特的青蛙，青蛙是雨林中最为普遍的两栖动物。大多数青蛙生活在树上。有的看起来像枯叶，这有利于它们隐藏自己，逃过敌人的注意。有的青蛙喜欢在夜间活动，比如分布于中美洲和南美洲北部的红眼树蛙。除了红色的大眼睛以及红色的脚之外，红眼树蛙体表呈现亮绿色，身侧为蓝色，带有黄色的条纹。玻璃蛙皮肤呈现半透明的状态，因此它们的心脏和其他器官都清晰可见！

箭毒蛙

箭毒蛙体形较小，背上能分泌出致命的毒液。一些生活在雨林中的人们将箭毒蛙的毒液涂在箭头上用来狩猎。这种青蛙有鲜艳的皮肤，以此来警告捕食者食用它们是危险的。哥伦比亚的金箭毒蛙毒性最强，仅仅用舌尖舔一下它的背部就足以让人丧命。

❧ 红眼树蛙的绿色皮肤有助于它们躲藏在树叶中。

蜥蜴

雨林里有各种各样的蜥蜴，如壁虎、鬣蜥、水龙和变色龙。这些爬行动物有独特的生存技能，有助于它们在雨林里舒适地生存。

蛇怪蜥蜴

还记得哈利·波特杀死的那条巨蛇吗？它与生活在雨林中的蛇怪蜥蜴都来自于神话中的同一个怪物，据说只要被它瞥上一眼就能让人丧命。但实际上蛇怪蜥蜴是无害的，它还是一名优秀的攀爬能手。雄性蛇怪蜥蜴身体有两个冠，而雌性只有一个。它们可以在水面上穿行，用它们长长的鞭状尾巴保持平衡。它们有一个网状的有鳞的脚趾帮助它们踩水。蛇怪蜥蜴体长一般为0.6—0.8米，以昆虫、蜘蛛和蠕虫为食，它们也是蛇和大型鸟类的食物。

❀ 伞状皮褶除了可以吓唬捕食者之外，还有助于蜥蜴调节体温。

❀ 雄性蛇怪蜥蜴有两个冠，一个在头上，另一个在背上。

伞蜥

伞蜥，也叫斗篷蜥，生活在澳大利亚北部和新几内亚，通常在树上活动。伞蜥的头部周围有皮褶，遇到危险时，为了吓退敌人，伞蜥会展开它巨大的皮褶，张开以后约为18—34厘米宽。伞蜥的体长超过20厘米，平常时用四肢行走。受到惊吓时会用后脚直立狂奔，这也是为什么它们被叫做自行车蜥蜴的原因。它们以昆虫和较小的蜥蜴为食。

☙ 壁虎家族的种类超过700种！

动物档案

常用名： 科莫多巨蜥

学名： Varanus Komodoensis（科莫多巨蜥）

栖息地： 印度尼西亚。

体长： 约2.8米。

体重： 约135公斤。

食物： 其他蜥蜴、鹿、山羊、野猪以及动物尸体。

现状： 栖息地破坏，人类捕杀，易危。

科莫多巨蜥

凶猛的科莫多巨蜥是世界上体形最大的蜥蜴。科莫多巨蜥生活在印度尼西亚，名字来源于科莫多岛。它们的下颌非常强壮，还有分叉的舌头和尖锐的爪子。它们是优秀的跑步者、登山者和游泳健将。它们常在白天活动，捕食各种动物，有时甚至会攻击人类。除此之外，科莫多巨蜥也以动物尸体为食。它们口中有大量致命的细菌，可以感染猎物血液，被咬上一口难逃一死。

壁虎

壁虎是唯一一种可以发出声音的蜥蜴，它们视觉敏锐，常在夜间捕食，主要以昆虫为食，有时也会吃自己的卵。它们最大的天敌是蛇类。北部叶尾壁虎尾巴很大，形似树叶。壁虎的体长一般在15—35厘米之间。

☙ 科莫多巨蜥身手敏捷，是运动能手，奔跑时速可达每小时18公里。

凯门鳄和短吻鳄

凯门鳄和短吻鳄属鳄科。这种大型的半水生爬行动物主要分布在雨林里。

❧ 凯门鳄的带蹼的脚和长尾巴帮助它们在水中前进和转向。

凯门鳄

凯门鳄跟短吻鳄很像，但是更小更短更宽。长度从1.5—2.7米不等。凯门鳄大约有6种。眼镜凯门鳄是最为常见的一种。因为合适的体形，它们和矮人凯门鳄一起被广泛地用于宠物贸易。最大的是黑色凯门鳄，可以长到6米。这些危险的动物主要分布在亚马孙盆地。

短吻鳄

除了中国短吻鳄（扬子鳄），大多数的短吻鳄生活在热带雨林中。短吻鳄是优秀的猎手。它们拥有敏锐的视力和听力，加上矫捷的动作，可以轻松抓住各种水生和陆地生物。

❧ 所有鳄鱼的眼睛都在它们的头顶上，在水中也能看见。

🐾 鳄鱼是伏击高手，它们等待
猎物靠近然后发起突袭。

死亡之口

任何动物，只要落入鳄鱼口中，几乎都会被吃掉。它们有力的下颚和锋利的锥形牙齿帮助它们捕捉和抓住猎物。不过，它们想要把肉撕碎比较难，所以它们会将猎物整个咽下。有些鳄鱼，例如澳大利亚的咸水鳄会游到很远的海里寻找食物。咸水鳄是世界上最大的两栖动物。咸水鳄和包括尼罗鳄在内的其他大型鳄鱼会袭击人类。有时候还会袭击狮子、鹿，甚至鲨鱼。

鳄鱼

鳄鱼的名字来自希腊语Kroke和drilos，意思是鹅卵石上的蠕虫。自恐龙时代开始，它们就没有怎么进化过。与其他两栖动物不同，鳄鱼的心脏有四个心室。鳄鱼喜欢流水缓慢的河流或湖泊，它们常栖息在沼泽里面。从南美到澳大利亚，鳄鱼遍布整个热带雨林。

🐾 鳄鱼唯一不吃的动物是埃及
燕鸻，这些鸟儿能够帮助鳄
鱼清理牙齿里面的残渣。

动物档案

常用名：咸水鳄

学名：Crocodylus porosus（湾鳄）

栖息地：澳大利亚和东南亚。
体长：成年雄性约6.7米，成年雌性2.5—3米。
食物：哺乳动物、鱼类、鸟类甚至是小鳄鱼。
现状：因为栖息地减少和人类捕猎，受到威胁。

蟒蛇

　　蟒蛇是一种大型无毒蛇，分布在南美洲和中美洲的热带雨林。蟒蛇种类有30多种，其中最著名的是蟒蛇王和水蟒。

🐾 把猎物窒息后，蟒蛇会张开大嘴从猎物的头开始吞下猎物。

将动物缢死

　　蟒蛇没有毒。它们杀死猎物的方法是将其缢死。它们静静地等待猎物靠近，或者悄悄地接近猎物。将猎物抓住后，缠绕猎物的身体，将挣扎的猎物越缠越紧，直到它们窒息而亡。然后蟒蛇会整个吞下猎物尸体。

巨蚺

　　巨蚺是蟒蛇中最著名的一种。巨蚺广泛分布于世界各地，从干旱的沙漠到湿润的热带雨林。然而，它更喜欢在干旱的土地或树木里生活，在水源附近看不到它们的身影。巨蚺是蟒蛇家族第二大类。它们最长可以长到5.5米。它们以大蜥蜴、鸟类、啮齿动物和小型哺乳动物为食。巨蚺特别喜欢蝙蝠。它们经常挂在树枝上，抓住飞过的蝙蝠，将蝙蝠缢死以后一口吞下。

🐾 绿宝石树蟒原产于南美洲。它的绿色皮肤能帮助它融入雨林中。

蛇家族里的大个子

水蚺有四种，其中绿水蚺是最有名的。它们不但是蟒蛇中最大的，也是世界上最重的蛇类。这种巨蛇通常有6米长，重约250公斤。有些绿水蚺甚至能超过10米，重达500公斤！绿水蚺的蛇皮是橄榄绿，全身有椭圆形的黑色斑点，头上有两条条纹。

水蚺

水蚺是唯一喜欢生活在水中而不是陆地上的蟒蛇。所以它们也称水蟒。水蚺通常栖息在水流缓慢的溪流或是沼泽中。白天，它们躺在浅水里，或是在溪流或沼泽上方的低树枝上晒太阳。跟所有蟒蛇一样，它们是夜行动物，在夜间捕食。它们潜伏在水中，只露出眼睛和鼻子。当猎物靠近时，水蚺用它们有力的下颌抓住猎物，然后把猎物拖到水里淹死。

动物档案

常用名：绿水蚺

学名：Eunectes murinus（亚马孙森蚺）

栖息地：南美洲的亚马孙－奥里诺科河盆地，以及圭亚那地区。

猎物：鱼类、蛇类、两栖动物、啮齿动物、包括鹿和凯门鳄的中性哺乳动物。

天敌：人类。人类因为害怕而捕杀水蚺。

现状：禁止非法宠物交易和狩猎。野生水蚺数量未知。

🐾 水蟒的鼻孔和眼睛都在头顶上，这样即使在身体被淹没的情况下也能观察和呼吸。

巨蟒

巨蟒是分布在非洲、亚洲、太平洋岛屿以及澳大利亚的无毒蛇。世界上有25种巨蟒。

连接巨蟒上下颌的弹力韧带能让它们吞下比自己头还大的猎物。

世界之最

巨蟒可以终生生长。它们的长度从1—10米不等，最重可以达到140公斤。网纹蟒是世界上最长的蛇，经测量最长的一条达到了10米。网纹蟒用牙齿固定猎物后，把猎物缠绕起来。跟蟒蛇一样，它们不停挤压猎物直至猎物窒息死亡。然后它们将猎物整个吞下。巨蟒的食物包括猴子、鹿、山羊和其他小型动物。

伸缩下巴

巨蟒的上下颚都有韧带，这样它们的嘴可以张开得非常大，能将猎物整个吞下。巨蟒通过胃中的胃酸消化食物。根据猎物的大小，巨蟒可能需要消化好几天，甚至好几周。因此，巨蟒每次进食可以间隔很久。刚进食的巨蟒几乎无法动弹，所以它们这时很容易被敌人袭击。

❧ 巨蟒的上颚有四排牙齿，这有助于它抓住猎物，但无法进行咀嚼。

动物档案

常用名：网纹蟒

学名：Python reticulatus（网纹蟒）

体长：3—10米。

食物：猴子、山羊、鹿和其他小型动物。

现状：稳定。

有脚的蛇？

巨蟒的蛇皮有鳞，非常干燥。大多数蟒蛇用嘴唇感知猎物。跟巨蚺不同，它们的上颌前部和中部有牙齿。蛇被认为是蜥蜴类动物的后代。经过多年的进化，它们的腿消失了。但是，巨蟒的背部有两个非常小的爪子，刚好在前腿可能存在的位置。雄性巨蟒的爪子更长。与其他蛇不同的是，巨蟒有两个肺。

蛇产卵的巢

雌性巨蟒每次可以产卵15—100只。巨蟒把蛇蛋堆积起来，然后盘绕在蛋上孵化小蟒。大多数的巨蟒喜欢待在地面上，隐藏在灌木下层。巨蟒是攀爬好手。像绿树蟒之类的巨蟒只生活在树上。巨蟒会游泳。有时候，它们藏在溪流里，把头露出水面，等待鸟类或是小型哺乳动物靠近水边。

❧ 网纹蟒的蛇皮颜色和图案，帮助它们融入雨林的落叶层中。

啮齿动物

啮齿动物是有两颗门牙或者上颌和下颌各有两颗门牙的哺乳动物。它们名字来自于拉丁语咬（RODERE）和牙齿（DENTIS）。它们的牙齿可以不断生长，以替换因长期不停咀嚼而被磨损的部分。

刺鼠

刺鼠跟豚鼠是近亲。刺鼠分布在中美洲、墨西哥和南美洲北部。它们的食物包括植物、水果、种子和根茎。它们进食时，会坐在后腿上，用前爪拿着食物。它们会撒播种子，帮助新树生长。刺鼠的毛是黑棕色的。有些有2.5厘米长的小尾巴。它们跑得很快，游泳也是一把好手。当它们受到惊吓时，会保持原地不动。刺鼠的身体长度为41—61厘米，重量约4公斤。刺鼠是鹰、蛇、豹猫和美洲虎的猎物。

🐾 刺鼠以水果和植物其他部分为食。

海狸鼠

这种啮齿类动物有亮橘色的门牙。它们在黄昏或是黎明时最为活跃。它们体长大约为40—60厘米，重量在5—9公斤。海狸鼠上半身是红棕色，下半身是灰色。它们的长尾巴几乎没有毛。海狸鼠的食物是植物和粮食。它们后脚的蹼让它们成为游泳健将，但是它们在陆地上很笨重。它们是狼和蛇的猎物。海狸鼠主要分布在亚洲、欧洲和美洲。

水豚

　　水豚是世界上最大的啮齿动物。它们分布在中美洲和南美洲，主要生活在沼泽中。这些食草类动物的食物包括水生植物、草、水果和稻谷。水豚有棕色皮毛，是群居动物，通常一群水豚有6—20只。它们用叫声和口哨声互相交流。一只雌性水豚一次产仔1—6只不等，幼崽生下来就有毛发，而且能看见东西。

水豚的天敌！

　　水豚有很多天敌，包括豹猫、鹰、美洲虎和水蟒之类的蛇，甚至人类也会以它们为食。当它们感觉危险时，会发出警告的咔嚓声，它们会冲向水中，游到安全的地方。它们喜欢在泥里打滚。

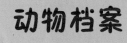 水豚利用水来躲避危险，但却栖息在干燥的地面上。

动物档案

常用名：水豚

学名：Hydorchaeris hydorchaeris（水豚）

体长：102—132厘米。

体重：27—50公斤。

现状：稳定。

海狸鼠因为柔软而光滑的皮毛而被捕杀。

豹猫和美洲虎

豹猫和美洲虎都是猫科动物。它们分布在中南美洲的热带雨林。

豹猫

豹猫看上去像是宠物猫。但是，它们是一种几乎已在北美消失的野猫。豹猫喜欢独来独往。它们在夜里的视力很好，因此经常在夜里出没，白天休息。它们的生活很舒适，常睡在树木的低树枝上。不过，它们只在地面上捕猎。豹猫是游泳和攀爬高手。

豹猫的情况

雌性豹猫每次产仔1—4只。幼崽出生时眼睛是闭着的。豹猫以鸟类、猴子、蛇、青蛙、牛群、家禽，甚至是鱼为食。包括尾巴在内，豹猫体长85—145厘米，体重10—15公斤。它们的皮毛上有独特的斑点和条纹，有助于它们躲进树林和灌木丛中。

❀ 根据栖息地的不同，豹猫的颜色从黄褐色到浅灰色不等。

美洲虎

美洲虎体形比老虎和狮子略小，是第三大野生猫科动物。美洲虎比美洲豹更壮实，更重。它们是美洲大陆上最强壮的猫科动物。它们黄褐色皮毛有内环为圆点的玫瑰花形饰物。美洲虎的头大，腿短而壮实。它们充满肌肉的前臂，能够帮助它们拖拽超过自身体重6倍的猎物。

强壮的猎手

美洲虎能爬树，且是游泳好手，这有助于它们捕猎各种猎物。它们跑得非常快，但不擅长长距离追捕猎物。它们喜欢先跟踪后突袭。美洲虎以各种动物为食，从鹿到老鼠。美洲虎杀死猎物的方式很独特。与其他狩猎动物不同，它们不是咬断猎物颈椎，而是咬穿猎物的头颅，有时会咬断自己的一颗牙齿。美洲虎每天要吃5—32公斤鲜肉。

❖ 对于古代印第安人来说，强大的美洲虎是权威和军事力量的象征。

❖ 戒备中的雌性美洲虎。

动物档案

常用名：美洲虎

学名：Panthera onca（美洲虎）

体长：1.62—1.83米，尾巴不计算在内。

尾巴长度：45—75厘米。

前腿高度：67—76厘米。

体重：56—151公斤。

食物：鹿、凯门鳄、青蛙、鱼、牛、鼠、鸟类、貘。

现状：由于人类捕猎和栖息地被破坏，濒危。

老虎

老虎是食物链顶端的动物之一。老虎以食草动物为食，帮助维持自然界的平衡。如果老虎不以这些动物为食，这些食草动物就会吃掉过量的植物。

老虎

老虎主要分布在亚洲。它们是猫科动物的一员。与其他猫科动物一样，它们夜间的视力很好。它们的爪子可以收进脚掌里。老虎的犬牙是陆地食肉动物中最大的。老虎通常独自生活，除非有小老虎。它们以留在树皮上的印记和虎尿来标记自己的领地。

🐾 当幼崽2个月大时，母虎会把它们带出窝。小老虎非常顽皮。

🐾 老虎是游泳健将，喜欢在浅水中给自己降温。

王者的食物

老虎的食物包括鹿、野猪、兔子和牛等动物。当食物匮乏时，它们还会吃鱼和青蛙。一旦它们发现了猎物，会悄悄地跟上去。它们爪子上的肉垫让它们能够静悄悄地移动。在发起一段短暂冲刺之后，它们猛扑到猎物身上并咬住它的脖子。每20次追捕中就有1次成功猎杀。老虎一次能吃掉18公斤的肉，然后可以好几天不进食。母虎通常一次产下2—4只幼崽，它们会照顾幼虎6个月。幼崽必须在18个月内学会自己捕杀猎物。

❧ 孟加拉虎是印度的国家动物。

皇家孟加拉虎

孟加拉虎的名字来自于印度桑德班斯的红树林，那里生活着许多孟加拉虎。它们也分布在印度和缅甸的部分地区。孟加拉虎的皮毛是橘色的，带有棕色、灰色或是黑色的长竖条纹，这有助于它们隐藏在高草中。

❧ 每只老虎都有独特的条纹，就像人类的指纹。苏门答腊虎是所有老虎里条纹最多的。

动物档案

常用名：孟加拉虎

学名：Panthera tigris（孟加拉虎）

体长（不计尾巴）：1.37—2.7米。

尾巴长度：0.9—1.2米。

体重：雄性有180—258公斤，雌性有100—160公斤。

现状：极危，因为栖息地减少和人类捕猎。

苏门答腊虎

苏门答腊虎分布在印度尼西亚的苏门答腊岛，是老虎中体形最小的。现存的苏门答腊虎仅有500只。这些老虎比其他老虎行动更快，它们的条纹比孟加拉虎的细。

大猩猩和黑猩猩

大猩猩和黑猩猩的食物是水果，它们帮助散播种子，保证了整个森林新树木的生长。

❀ 黑猩猩有对生拇指和脚趾，帮助它们抓握物体。

❀ 黑猩猩是攀爬高手，能在树上荡来荡去。

黑猩猩

　　黑猩猩和人类是近亲。世界上共有两种黑猩猩——普通黑猩猩和倭黑猩猩（又称侏儒黑猩猩）。黑猩猩没有尾巴。它们属于灵长类，是很聪明的动物。它们大脑体积是人类大脑的一半。与人类一样，它们可以使用工具解决问题。例如用棍子把昆虫从洞中挖出来，用草茎、草皮和叶子制作工具。它们的食物种类多达200种，包括水果、树叶、蜂蜜、蚂蚁和小型鸟类。

树叶之间

　　黑猩猩晚上在树枝之间搭建的窝里睡觉。在地面的时候，它们用四肢行走。普通黑猩猩的手臂长度超过自己身长的一半，侏儒黑猩猩的手臂甚至更长。母黑猩猩每次产崽1只。黑猩猩能发出34种不同的声音。我们对黑猩猩的大部分了解要归功于简·古道尔，她于1960年7月开始在坦桑尼亚贡贝保护区对黑猩猩进行研究。

大猩猩

大猩猩是以希腊语中一个叫"大猩猩"的多毛女人部落的名字命名的。它们外表看起来很凶，但实际上却温柔聪明。它们分布在扎伊尔、卢旺达、乌干达、尼日利亚、加蓬、刚果、喀麦隆和中非共和国。大猩猩用四肢行走，用前肢的关节作为支撑。它们的食物包括树叶、花朵、菌类，甚至昆虫。

群居动物

大猩猩多以群体生活，一群数量可以达到30只。每群都会有1只成年雄性和3—4只成年雌性以及它们的后代。雌性大猩猩是有爱心的母亲。幼年大猩猩跟母亲在一起生活大约4年时间。大猩猩父母在危险时会保护它们的幼崽，哪怕牺牲自己的生命也在所不惜。大猩猩用25种不同的声音交流，这些声音包括鸣响、尖叫、咆哮等。

❧ 每只大猩猩的鼻子都稍微有所不同，这有助于彼此辨别。

❧ 大猩猩妈妈温柔地照顾着趴在肚子上或身体两侧的宝宝，直到它们满周岁。

动物档案

常用名：大猩猩

学名：Gorillagorilla（西部大猩猩）；Gorilla beringei（东部大猩猩）

颜色：黑色或棕灰色，成年雄性大猩猩在背上有银色条纹。

身高：成年雄性约1.7米，成年雌性约1.5米。

体重：成年雄性有136—227公斤，成年雌性有68—113公斤。

现状：因为栖息地减少和人类捕猎，濒危。

其他类人猿

　　猿和猴子的主要差别是猿没有尾巴。此外，猿的视觉和嗅觉更好。

长臂猿

　　长臂猿家族相当大，包括大约9种不同的猿类，例如马来西亚苏门答腊合趾猿、马来白掌长臂猿以及灰色爪哇猿。长臂猿身体细长，皮毛也长。它们的手臂很长，可以在树间晃荡。它们是唯一用后腿行走的猿类。长臂猿发出不同的声音进行交流。它们的食物包括水果、花朵、树叶、鸟类、昆虫和蛋。

有爱的一家

　　只有大约百分之六的生物物种保持一个伴侣，长臂猿就是其中一种。母长臂猿通常一胎产一个，长臂猿一家通常有4个10岁以下的幼崽。有时，尤其是在黎明时分，父母会唱歌，幼崽也会加入进来。雌性长臂猿比雄性个头大，是一家之主。长臂猿没有窝，它们睡觉的时候，会把头埋进膝盖，用胳膊抱住膝盖。

🐾 身体苗条且手臂纤长的长臂猿可以快速地在树间穿梭。

🐾 长臂猿的黑脸上有一圈是灰白色的毛。

红毛猩猩

　　红毛猩猩在马来语里的意思是"丛林中的人"。红毛猩猩是一种来自亚洲的猿类，现在仅存于婆罗洲岛和印尼的苏门答腊岛的丛林里。它们的身体笨重，腿呈弓形。这种猿大多数的时间都在树上活动，它们用长而有力的手臂从一棵树荡到另一棵树。它们有四个手指和一个对生大拇指。它们的脚有四个脚趾和一个对生大脚趾，所以它们可以用手和脚抓握树枝。在地面上，它们用四肢走路。每天晚上，它们都会在树上的窝里休息。

吃得很多

　　红毛猩猩的食物有植物也有动物。它们喜欢吃水果、种子、幼芽、新叶、鲜花和植物的茎。它们还吃昆虫、蛋、鸟类和小型哺乳动物。红毛猩猩喜欢独居。这些聪明的动物能使用工具解决问题。有些可以用树叶做成杯子喝水。还有一些红毛猩猩用树叶当作伞。雄性猩猩有一个喉囊，使得它们发出的声音在1公里以外都能听见。

🐾 红毛猩猩妈妈通常照顾她的宝宝3年。

动物档案

常用名：红毛猩猩

学名：Pongo pygmaeus（红毛猩猩）

身高：成年雄性有1—1.4米，成年雌性有0.8—1.1米。

体重：成年雄性有77—90公斤，成年雌性有37—50公斤。

天敌：人类。

现状：濒危，因为栖息地缩小，幼崽被当作宠物贩卖。

🐾 红毛猩猩是亚洲唯一的大型猿类。

猴子

猴子对于雨林的生态健康非常重要。它们吃完水果吐出果核，或是通过粪便排出种子，以此帮助散播树木的种子。

萨奇猴

萨奇猴分布在亚马孙北部。雄性萨奇猴的面部为白色，雌性的面部有白色印记。它们强壮有力的后腿可以帮助它们跳跃。萨奇猴吃水果和种子，它们的大犬牙有利于它们咬开坚果和其他食物。这些贪吃的猴子还会吃小型蝙蝠、松鼠和老鼠。与其他大多数猴子不同，这些猴子主要以小型家庭模式群居，主要包括父母和它们的孩子。

蜘蛛猴

蜘蛛猴分布在巴西南部和墨西哥中部。它们因为有细长的胳膊和腿而得名。它们可以跳得非常远。蜘蛛猴的尾巴是猴类里面最长且最有力的。它们的尾巴可以缠绕，有利于很好地抓住树枝。尾巴就像它们第五只肢体，当它们在林间晃荡穿梭的时候，给它们提供支撑。在林间晃荡时，它们会悬挂身体，用手抓住树枝。它们的食物包括水果、坚果、种子、树叶和昆虫。

🐾 萨奇猴喜欢生活在较低的树冠和雨林的下层。

🐾 蜘蛛猴在树与树之间荡来荡去，表现出高超的技巧。

动物档案

常用名：吼猴

学名：Alouatta senioculus（吼猴）

身高：0.6—1.2米。
体重：3.5—10公斤。
食物：树叶、水果、鲜花和昆虫。
现状：濒危。

🐾 在攀爬和在树间晃荡的时候，绒毛猴的尾巴帮助它们抓住树枝以作为支撑。

绒毛猴

绒毛猴的头大，身体粗壮。它们因有浓密和可挡雨的皮毛而得名。绒毛猴生活在树木顶部的树枝之间，很少下来。卷曲的尾巴让它们有很好的抓力，防止掉落。它们的对生脚趾也有利于抓握。不过，它们的拇指不是对生的。绒毛猴通常群居，一群的数量5—40只不等。它们的食物包括水果、树叶和昆虫。

吼猴

吼猴分布在巴西南部、阿根廷北部、巴拉圭和玻利维亚。它们是最大的美洲猴。它们有一个巨大中空的舌骨（支撑舌头的骨头），让它们能够制造并发出超大声音。吼猴的声音是所有动物中最大的。它们的吼声在4.8公里以外都能听见！它们生活在树冠层，大多数的时间待在树上，很少下到地面。它们白天很活跃，以树叶、水果、种子、鲜花和蛆之类的昆虫为食。由于尾巴需要抓着粗糙的树枝，因此它们尾巴的顶端都光秃秃的。

🐾 雄性吼猴皮毛为深棕色或黑色，雌性吼猴多为浅棕色。

树懒

树懒的名字意思是懒惰。这种毛茸茸的树栖哺乳动物生活在中美洲和南美洲的雨林树冠上，因其行动缓慢而得名。

倒挂

树懒一生中大多数的时间都倒挂在树上。它们在树上活动、睡觉、进食，甚至分娩。它们唯一下到地面的时间，是从一棵树挪到另一棵树的时候，这也是它们的天敌美洲狮和豹猫最容易袭击它们的时候。树懒有厚厚的棕色皮毛。因为它们皮毛上的藻类植物，使得一些树懒看起来为绿色，这有助于它们躲在树叶丛里。它们还会舔舐覆盖在皮毛上的藻类摄取营养。

吃得绿色

树懒是食草动物。它们喜欢吃新鲜的叶子，也吃水果和嫩芽。树懒的胃有许多隔间，有利于它们消化树叶，它们要用一个月的时间来进行消化。有些树懒吃昆虫和小型蜥蜴。因为没有门牙，它们用坚硬的嘴唇从树枝上折断树叶。由于吃得太多，让它们的臼齿磨损很快，不过臼齿会持续生长。它们不需要喝水，而是从多汁的树叶中或是舔舐露珠获得水分。

🐾 树懒用它强有力的钩状爪子抓住树枝。

动物档案

常用名：树懒

学名：Choloepushoffmanni（两趾树懒）
Bradypustridactylus（三趾树懒）

栖息地：中南美洲。

体长：41—74厘米。

现状：有些种类濒危。

🐾 树懒的肌肉发育不好，不能直立行走，所以大部分时间都倒挂在树上。

其他哺乳动物

热带雨林也是其他小型哺乳动物的家园。它们通常在夜间秘密活动，这有助于躲避敌人。

针鼹

针鼹，或称刺食蚁兽，是以一种希腊怪物命名的哺乳动物。它们没有牙齿，以蚂蚁和白蚁为食。长鼻子帮助它们挖出食物。与鸭嘴兽一样，针鼹是单孔目哺乳动物，它们产卵，但用母乳喂养后代。雌性针鼹产下皮质一样的蛋，然后在胃部的育儿袋中孵化。孵化时间通常为10天。幼崽会在育儿袋里待上50天。针鼹分布在澳大利亚和巴布亚新几内亚。

眼镜猴

眼镜猴因为它们的眼睛而闻名。它们在夜间活动的时候，需要目不转睛地看才能看清。它们长而有力的后腿在跳跃去抓昆虫的时候非常有用。眼镜猴比老鼠稍大。虽然小，但是它们是捕猎好手。它们的食物包括鸟类、蜥蜴和蛇。眼镜猴主要分布在印尼、婆罗洲岛和菲律宾群岛。

猫熊

猫熊是非常有趣的哺乳动物。它们属于浣熊科，但长着一张熊仔脸、水獭一样的身体和猴子一样的尾巴。它们有时候被称为"夜行者"，因为它们在夜间觅食水果、鲜花、昆虫、小动物和鸟类。它们还被称为"蜂蜜熊"，因为它们非常喜欢蜂巢的蜂蜜。白天时，它们用40—56厘米长的尾巴缠绕在树上睡觉，这样它们就不会掉下来。

🐾 针鼹身上覆盖着粗糙的毛发和刺。

🐾 手指和脚趾上的软垫有助于眼镜猴在攀爬时抓握树枝。

蝴蝶

世界上大部分的蝴蝶产于热带雨林，尤其是南美洲的热带雨林，仅秘鲁就有6000种蝴蝶！

茱莉亚蝶

茱莉亚蝶姿态优美，翼展约为82—92毫米，飞行能力强，翅膀基色为橘色，边缘呈黑色。雌蝶翅膀颜色偏浅，有更多的黑斑纹。茱莉亚蝶的分布地区从巴西到德克萨斯南部以及佛罗里达。马樱丹和牧羊草的花蜜是它们的最爱。此外，雌蝶一般将卵产在树叶上，幼虫以叶片为食。

蓝闪蝶

蓝闪蝶分布在巴西、哥斯达黎加和委内瑞拉，它们的翅膀上面是蓝色，下面是棕色。休息时，可以看到棕色的一面分布着青铜色的斑点。它们常吸食腐烂水果的果汁。受到干扰时，蓝闪蝶会散发一种刺激性气味。它们的幼虫为棕红色的毛虫，背部有浅绿色斑点。

帝王蝶

帝王蝶是世界上飞行速度最快的蝴蝶。它们每小时能飞27公里。每年成群的帝王蝶会从加拿大迁徙到中美洲的雨林，有些蝴蝶的飞行里程甚至超过3218公里。因为幼虫以有毒的乳草属植物为食，这些蝴蝶的幼虫是有毒的，这使它们免受捕食者的伤害。帝王蝶吸食马利筋、马樱丹、丁香、罗布麻、红三叶草和蓟花的花蜜。

蓝山蝴蝶

蓝山蝴蝶生活在澳大利亚、新几内亚和印度尼西亚。雄蝶翅膀为亮蓝色和黑色，它的翅膀顶端有两条长尾巴形似燕尾，因此也叫燕尾蝶。蛹和毛虫是绿色的。这些蝴蝶善于飞行。

动物档案

常用名：蓝山蝴蝶

学名：Papilio Ulysses（天堂凤蝶）

体长：约11厘米。

翅展：约14厘米。

现状：未受到威胁。

❧ 茱莉亚蝶亮橘色的翅膀在绿色的雨林中格外亮眼！

❧ 蓝闪蝶是一种大型蝴蝶，翅展可达15厘米。

❧ 吸食马利筋花蜜的帝王蝶。

其他昆虫

昆虫是6足生物，有3对（6只）活动足，其身体分为头、胸、腹三部分，还有一副坚如盔甲的外壳以及一对触角和翅膀。有些昆虫非常微小，例如蜂鸟花螨的体形只有蜂鸟的鼻孔那么大！

甲壳虫

雨林里有成千上万的甲壳虫。有的甲壳虫，如吉丁虫的翅膀颜色绚丽，像宝石一样闪闪发光。大部分昆虫以花蜜为食，而它们的幼虫或幼体则通过钻入木头获取食物。雄犀牛甲虫头部前方有一个发达的额角。大力神甲虫有一把看起来像毒刺一样的钳子，不过它们不是用来蜇的，而是用来吓唬敌人的。

蜜蜂

在所有帮助授粉的热带雨林生物中，蜜蜂是最忙也是最重要的。许多蜜蜂，例如微小的管蜂，是不会蜇人的。它们会吸食人类汗液，因此也被称为"汗蜂"。有的蜜蜂并不会费心去采集花粉，而是以动物尸体为食。有些蜜蜂会盗取其他蜂窝上的树脂来筑巢。

蚂蚁

雨林中的蚂蚁种类比哺乳动物多得多，亚马孙流域的所有生物中有十分之三是蚂蚁。在树冠层生活的生物中，蚂蚁占86%。在秘鲁，仅一棵树上就能出现43种不同的蚂蚁种群。一个蚁巢可以容纳数百万只蚂蚁，包括蚁后、雄蚁以及无翅的兵蚁。蚁后一天可以产下一亿枚卵！

> **动物档案**
>
> 常用名：切叶蚁
>
> 学名：Atta cephalotes（美洲切叶蚁）；Atta（切叶蚁）
>
> 栖息地：中美洲和南美洲。
>
> 能力：一个蚁群一天之内可削去一棵柠檬树的全部叶子。
>
> 天敌：蚤蝇。
>
> 现状：数量充足。

❧ 蚂蚁可以清理地面上的已经死去或者垂死的昆虫。

❧ 瓢虫身上独特的颜色和斑点，是为了不引起捕食者的注意。

金刚鹦鹉和巨嘴鸟

在雨林的露生层和树冠层，鸟儿们非常活跃。为了生存，许多鸟类都进化出了独特的特征，比如金刚鹦鹉和巨嘴鸟。

❧ 巨嘴鸟生活在美洲的雨林中。

巨嘴鸟

巨嘴鸟发出的一种声音，听起来像是人类发出"啊"的叫声。巨嘴鸟有巨大鲜艳的喙，它们的尾巴近圆形，身形矮胖。在40种巨嘴鸟中，有些鸟儿的喙甚至比它们的半个身子还要长，但重量却很轻，喙的边缘呈锯齿状。不同于金刚鹦鹉，巨嘴鸟舌头是细长状。

巨嘴鸟吃水果、昆虫、鸟蛋，甚至其他小型鸟。它们会吞下整个水果，然后把果核吐出。巨嘴鸟通常会在树洞中产下1—4枚蛋，雌鸟和雄鸟轮流孵卵并给雏鸟喂食。巨嘴鸟的飞行能力很差，所以它们经常在地面上跳来跳去。

金刚鹦鹉

金刚鹦鹉属于鹦形目，鹦鹉螺科鸟类，金刚鹦鹉有17个种类，与鹦鹉是近亲。金刚鹦鹉的羽毛颜色鲜艳。坚硬的喙向下弯曲，上喙顶部尖锐，有利于撕扯食物。它们以水果、种子以及坚果为食。金刚鹦鹉的尾巴很长，与其他大多数鸟类相比，它们的羽毛少且坚硬。紫蓝金刚鹦鹉体长约1米，是自然界最大的鹦鹉。体形最小的金刚鹦鹉——南美洲东北红肩金刚鹦鹉，体长仅为紫蓝金刚鹦鹉的三分之一。

群居鸟类

金刚鹦鹉是群居鸟类，它们会很早地选择配偶。如果其中一方死去，另一方会变得消沉，很快也会追随而去。金刚鹦鹉在树洞中筑巢。金刚鹦鹉是一种吵闹但聪明的鸟类，模仿能力强，这让它们成为非常受欢迎的宠物。不过，这也导致一些鹦鹉种类在野生环境中濒临灭绝，比如斯皮克斯金刚鹦鹉。

❧ 金刚鹦鹉每只脚前后各有两只脚趾，便于抓握。

> ## 动物档案
>
> 常用名：巨嘴鸟
>
> 学名：Ramphastos toco（巨嘴鸟）
>
> 食物：水果、昆虫、卵、小型鸟类。
>
> 体长：18—63厘米。
>
> 现状：数量稳定。

其他鸟类

　　雨林中栖息着种类繁多的鸟类，它们的飞行能力有强有弱。有一些鸟类甚至不具备飞行能力，只会在地面上蹦蹦跳跳。

绿咬鹃

　　绿咬鹃是一种生活在南美洲的、色彩鲜艳的大型鸟类。雄鸟体长约为35厘米，绿色尾巴长达61厘米。绿咬鹃喜欢独居，飞行能力弱，因此很容易成为老鹰或者猫头鹰的目标。它们通常会在树洞中产下1—2枚蛋，雄鸟和雌鸟共同孵化，孵化期约为两周。雄性绿咬鹃是很称职的父亲，雌性绿咬鹃不在时它们会给雏鸟喂食。绿咬鹃的食物有水果、蜗牛、青蛙以及昆虫。

咬鹃

　　咬鹃在大多数的雨林中都有，特别是中美洲和南美洲，它们的名字来源于希腊语中的"啃食"。它们可以在树干上凿穴筑巢。其他鸟类的脚趾1、4趾向后，咬鹃却是1、2趾向后，因此它们不善抓握。它们的喙短而钝。咬鹃以水果和昆虫为食，大多数时候居住在树上。

裸颈鹳

　　裸颈鹳是体形最大的鸟类之一，常在沼泽地里或泻湖旁群居。它的喙有点重，但能帮助它捕捉青蛙、蛇和鱼。从墨西哥南部一直到阿根廷北部都有裸颈鹳的身影。11月，裸颈鹳在树木高处筑巢。到次年7月，雏鸟便和父母一起往北迁徙。

鹤鸵

　　鹤鸵是一种生活在澳大利亚和新几内亚的不会飞行的鸟类，它们的奔跑时速可达每小时48公里。鹤鸵的腿部非常有力，它们用力猛踢进行自卫。脚上有3趾，每个脚趾都有利爪，中间的爪更是长达12厘米，可将外敌撕碎。鹤鸵头顶长有鸟冠，用于在雨林穿行时开辟道路。全身羽毛形似一顶蓬松的假发。它们的食物有水果、昆虫、青蛙，甚至蛇类。

❧ 凤尾绿咬鹃尾羽华美，长度可达1米。

❧ 一只白尾美洲咬鹃。

❧ 鹤鸵是雨林中传播种子的好帮手。

濒危雨林动物

热带雨林已经在地球上存在了数百万年。可悲的是，在过去的几个世纪里，人类一直砍伐雨林。热带雨林曾经占到地球表面的14%，现在只有6%。雨林是成千上万种动植物的家园。专家说，热带雨林可能在不到40年的时间内消失。

人类在增加，动物在减少

每一秒，世界上都有约9亩雨林被砍伐，为不断增长的人类腾出空间。20世纪出生的人口数量比以往任何时候都多。1800年，人口保持在10亿左右；1950年，人类人口为26亿；今天，人类人口为75亿。与此同时，动物的数量在快速减少，因为它们的栖息地被不断破坏。

更值得关注的问题

人们砍伐雨林是为了获得更多居住空间，需要更多木材修建房子和制造家具，需要更多土地来种植农作物。雨林中的动物和鸟类因为失去了家园而死去。老虎、蟒蛇、猴子和鸟类因为它们的皮、羽毛被人类猎杀。有些人用动物的牙齿和爪子制作珠宝饰品。一些地方，人类使用动物的部分身体制作传统药剂。鹦鹉、金刚鹦鹉、巨蟒被当作宠物非法交易，但它们在雨林之外的地方很难繁衍后代并生存下去。

世界范围

森林砍伐对整个世界的影响比我们想象的要大很多。能够吸收包括二氧化碳和甲烷在内的温室气体的树木数量下降，地球会变得越来越干燥和炎热。这会导致北极和南极的冰川融化，进而引起河流和海洋泛滥，造成大规模的生命和财产损失。森林被砍伐后，没有树根能保持土壤，雨水会直接落到地面，造成更多的水土流失。森林减少，雨量也会减少，这会给整个地球气候带来灾难。

🐾 蜂鸟可能因为没有巢穴过冬而死去。

🐾 人们大量地砍伐森林为自己建造房屋。

草原环境

　　很多人喜欢去野生动物的自然栖息地看看，最佳的地点是大草原。大草原是一块大面积的高草平原，树木稀少。大草原又称热带草原，分布在雨林边缘，在印度、澳大利亚、南美的部分地区以及非洲大部分地区多能见到。

天气监测

　　大草原全年气候温暖，温度在20℃—30℃之间。大草原只有两个季节，一个是4—6个月的干燥冬季，一个是8个月的湿润夏季。多数大草原夏季雨量充沛，但非常潮湿闷热。冬季会凉爽很多，但经常发生火灾。野火对大草原的维系非常重要，否则将会树木丛生，覆盖整个平原。

草原植物

　　大草原以高大的草为主，如星草、柠檬草、罗兹草、大象草和灌木。大草原的草类植物通常粗糙，一撮一撮丛生，中间隔着空地。可以看见树木稀疏地散落在平原上。非洲平原有独有的猴面包树和金合欢树。

草原动物

　　草原上有40多种有蹄哺乳动物，例如羚羊、斑马、河马、犀牛和长颈鹿等。仅在非洲东部的塞伦盖蒂平原，就生活着大约200万种食草动物和大约500种鸟类。除食草动物外，大草原也是狮子、猎豹、豹、鬣狗和野狗等大型食肉动物的家园。这里还可以发现种类繁多的爬行动物。

草原生存技巧

　　热带草原是干旱地区，冬季水资源非常有限，草原的动植物都已适应了水源短缺。草原的草在雨季生长迅速，在旱季，这些草变成褐色以减少水分流失。它们在根部储存必要的水分以备旱季之用。猴面包树只在雨季长出树叶，它们在树干里储存水分。金合欢树有长长的树根可以深入到地底深处。

❧ 野火对于草原是必需的，但不能失去控制。

❧ 非洲大草原是最好的野生动物栖息地，因为那里到处是动物，且没有多少树木挡住视线。

草原之王

狮子被称为"百兽之王"是有原因的。它是猫科动物中最大、最有力的。它们大声的狮吼显示着无穷的力量。

草原上的生活

狮子通常在开阔的草原上出没，在沙漠或是茂密的森林中是看不到它们的身影的。棕黄色的皮毛有助于它们融入周围环境。不过，雄狮的华丽鬃毛却容易自我暴露，这也是雄狮在狩猎方面不如母狮的原因。世界上有两种狮子——非洲狮和亚洲狮。非洲狮分布在非洲大草原，亚洲狮在印度西部古吉拉特邦的吉尔森林中可以发现。

鬃毛的故事

雄狮是大型猫科动物中唯一有鬃毛的。它们的鬃毛可以吸引母狮，还可以吓唬对手。鬃毛的颜色和大小决定了狮子的力量。鬃毛更黑和更长的狮子更成熟更强壮。不过，在捕猎时，浓密的鬃毛容易暴露狮子。鬃毛还增加了身体温度，让它们在炎热的时候总是感觉不舒服。

动物档案

常用名：狮子

学名：Panthera leo（狮子）

栖息地：中非和印度的吉尔森林。

体重：成年雄狮150—250公斤，成年雌狮117—167公斤。

现状：濒危。世界上现存约300头亚洲狮和约30000头非洲狮。

☘ 围在水坑旁的一群母狮和公狮。

豹

豹是仅次于老虎和狮子的第三大大型猫科动物。它们是攀爬好手，大部分时间都在树上。它们的适应性也非常强，可以生活在从非洲大草原到亚洲茂密森林的各种环境中。

斑点的奇特作用

豹最出名的就是它们浅褐色皮毛上的深色玫瑰花形斑点。这些斑点为它们在各种栖息环境中提供保护，特别是当它们隐藏在树枝中的时候。

树栖生活

豹喜欢爬树。它们一生的大部分时间都在树上度过。这些猫科动物甚至会把猎物带到树上，从而安静地进食，还能防止鬣狗偷走它们的猎物。豹有强大的肩部和胸部肌肉，有助于它们拖曳三倍于自身体重的猎物。

熟练的猎手

豹喜欢伏击猎物而不是追逐猎物。它们躲在草地或灌木丛中，当猎物靠近时，就猛扑上去。有时，豹会跟踪树上的猴子，甚至从树枝上跳下来捕食猎物。豹通常在夜间狩猎，一些带幼崽的母豹喜欢在白天狩猎。

😺 敏捷的豹是野生动物中最聪明的猎手之一。

😺 豹将猎物拖到树上。

动物档案

常用名：豹

学名：Panthera pardus（花豹）

栖息地：非洲西部和南部、中东、印度、巴基斯坦、尼泊尔、爪哇、斯里兰卡、中国、西伯利亚和东南亚大部分地区。

体重：成年雄性30—70公斤，成年雌性20—50公斤。

现状：许多亚种被列为濒危动物。西伯利亚的远东豹最为濒危，现存不足50头。

猎豹

猎豹是猫科动物家族里最独特的一员。它们是唯一依靠速度而不是隐秘性捕猎的猫科动物。猎豹是陆地上短距离移动速度最快的动物。它们的速度能达到每小时113公里。

不是大猫?

猎豹经常被称为"大猫"。不过，跟狮子和老虎这种真正的大型猫科动物不同，猎豹不能吼叫。它们只能像家猫一样发出喉音。猎豹的体形较小，它们喜欢白天活动，因为它们依靠视力而非嗅觉捕猎。猎豹是唯一一种爪子半伸缩的猫科动物，它们爪子只能收回一半。除了这些不同，猎豹还被认为是大型猫科动物中最小的成员。

天生速度

猎豹身体的每个部分都为速度而生。它们轻盈的身体有纤长的腿和灵活的脊柱。它们头小、脸扁、鼻孔大，能帮助它们在奔跑时吸入更多的空气。它们还有强有力的心脏、扩张的肺和超大的肝脏。它们的脚掌让它们更好地抓地。在急速转弯的时候，长而有力的尾巴帮助它们保持平衡。

🐾 猎豹追捕并杀死猎物。

动物档案

常用名：猎豹

学名：Acinonyx jubatus（猎豹）

栖息地：非洲和伊朗。
身体总长：112—135厘米。
尾巴长度：65—84厘米。
现状：受威胁。现存野生猎豹不到12500头。

🐾 当猎豹全速冲刺时，它的脊椎就像一个巨大的弹簧，帮助它加快速度。

大象

大象是世界上最大的陆地动物。它们体积庞大而强壮，几乎没有天敌。世界上有两种象——非洲象和亚洲象。

体形不同

非洲象和亚洲象非常不同，都有各自明显的特征，易于区分。非洲象比亚洲兄弟个头更大，毛更少。非洲象最突出的特点，是它们有巨大的像扇子一般的耳朵。除此以外，非洲象雄性和雌性都有长牙，亚洲象只有雄性有长牙。

象牙和象鼻

象鼻是鼻子和上嘴唇的结合部分。大象用它们灵活有力的象鼻搬运东西、折断树枝、采摘树叶以及喝水。象鼻顶端的鼻孔能够闻气味。大象挥舞它的象鼻捕捉气味。然后把象鼻放进嘴里辨别气味。象牙是加长的门牙。大象用它们的象牙挖食物和水源，争夺和保卫领地，起到各种作用。

🐾 突出的非洲象牙。

动物档案

常用名：非洲象

学名：Loxodonta Africana（非洲象）

栖息地：撒哈拉以南非洲。

体重：7000—10000公斤。

身高：3—3.5米。

食物：树枝和树叶。

天敌：人类。人类因为象牙而猎杀大象。

现状：非洲象被认为处于受威胁状态。

🐾 一群亚洲象正在靠近一个水坑。

犀牛

犀牛是一种有蹄哺乳动物，常见于亚洲和非洲的部分地区。犀牛有五种：苏门答腊犀牛、爪哇犀牛、印度犀牛、非洲的白犀牛和黑犀牛。

❀ 爪哇犀牛是犀牛中最稀有的一种。

共同特征

不同的犀牛种类有一些共同特点。它们的皮肤非常厚，布满了褶皱。它们的腿又短又粗，尾巴很小。大多数种类的犀牛在鼻子上方有一个大角，紧挨着后面还有一个小角。犀牛喜欢独居，只有在交配季节才结伴。母犀牛会一直跟小犀牛生活在一起，直到它们能够照顾自己。

亚洲犀牛

印度犀牛，又叫独角犀牛，是亚洲三种犀牛中数量最多的一种。它们分布在尼泊尔和印度的阿萨姆邦。每种亚洲犀牛都有独特的特征。印度犀牛和爪哇犀牛是独角，苏门答腊犀牛是体形最小的，也是唯一有浓密皮毛的犀牛。苏门答腊和爪哇犀牛是犀牛中最濒危的种类。现今世界上仅存100头爪哇犀牛和300头苏门答腊犀牛。

非洲犀牛

白犀牛又叫方嘴犀牛，它们分布在非洲东北部和南部。白犀牛的嘴特别宽，有助于它们咬断草。它们的长鼻子上有两个角，脖子后面有一个驼峰状的突起。与白犀牛相比，黑犀牛体形较小，脖子后没有驼峰。黑犀牛有一个尖的可卷曲的上唇，能完美地抓住树叶。

❀ 一头两角犀牛和它的幼崽。

动物档案

常用名：黑犀牛

学名：Diceros bicornis（黑犀牛）

栖息地：东非和中非。

身高：1.4—1.7米。

重量：800—1400公斤。

现状：濒危。现存不到3500头黑犀牛。

河马

　　河马在希腊语里的意思是"河中的马"。河马属于有蹄类哺乳动物中的偶蹄动物。偶蹄动物有2个或者4个脚趾。河马有4个脚趾。它们以植物为食，是喜欢待在水里的大动物。

河马的情况

　　河马只分布在部分非洲地区。世界上有两种河马——普通河马和侏儒河马。普通河马是陆地上最大的哺乳动物之一。它们高约1.5米，重约4000公斤。侏儒河马高约75厘米，重约180公斤。

对水很适应

　　侏儒河马喜欢待在水边而不是水里。普通河马会花很多时间浸泡在水里。它们可以一整天都待在水里，只在早上和晚上上岸觅食。它们的眼睛在头顶，即使浸泡在水里也能把眼睛露出水面。它们沉入水下的时候，鼻腔会封闭。河马可以在水下停留30分钟。

天然防晒霜！

　　河马的皮基本无毛。普通河马是古铜色的皮肤，侏儒河马的颜色是黑绿色。普通河马皮肤上的毛孔能够分泌一种液体，与防晒霜的作用一样，吸收有害紫外线，防止皮肤过热而裂口。

🐾 红色素保护河马免受致病细菌的侵害。

动物档案

常用名：普通河马

学名：Hippopotamus amphibious（河马）

栖息地：中非、西非和南非。
体重：1500—4000公斤。
现状：受威胁。

🐾 在保护领地时，雄性河马
　　非常具有进攻性。

羚羊

羚羊是一种食草性的偶蹄目哺乳动物，与牛和羊是近亲。羚羊至少有90多种，其中体形最小的为王羚，最大的为大羚羊。

❦ 长角羚羊有一对独特的矛状角。

共同特征

所有的羚羊体态轻盈，身形纤瘦，毛发短而浓密。大多数的羚羊毛色为黄褐色，不过也有例外，比如有灰色和黑色皮毛的长角羚羊。羚羊有偶蹄和短尾巴。它们有强壮的后躯，长腿和健壮的肌肉，有助于它们迅速奔跑。羚羊奔跑时的动作看起来像在上下跳跃。它们确实善于跳跃，但不擅长攀爬。大多数羚羊无论雄性和雌性都有长角。雄性的角通常较大。

觉察危险

羚羊是高度警觉的动物，具有敏锐的感官，能及时察觉周围动静。它们细长的瞳孔可以看到较宽的视野，它们的听觉和嗅觉都很出色，甚至能在黑暗中感知危险。羚羊发出各种叫声互相提醒。有些羚羊上下跳跃，或者保持四肢竖直。

动物档案

常用名：大羚羊

学名：Taurotragus derbianus（大羚羊）

栖息地：非洲大部分地区，尤其是苏丹、塞内加尔和中非共和国。

体重：500—900公斤。

现状：濒危。

❦ 一群羚羊。

牛羚

　　牛羚是一种大型有蹄哺乳动物，只生活在非洲，也被称为"角马"。牛羚有两种：白尾牛羚，也称"黑角马"；蓝牛羚，也称"斑纹角马"。

蓝牛羚（斑纹角马）

　　在两种牛羚中，蓝牛羚体形较大，也更常见。头部状似箱子，一双巨大的弯角往两侧伸展，形似牛角，还有坚硬的黑色鬃毛。雌雄牛羚都有角。蓝牛羚得名于其蓝灰色的毛发，深棕色的条纹从脖子延伸至身体中部。

白尾牛羚（黑角马）

　　白尾牛羚是非洲南部大草原的特有物种。毛色为深棕色和黑色。它的显著特征是有独特的白色尾巴和角的形状。它们的角向前延伸到脸部，然后弯曲向上形成"U"字形。它们的鬃毛坚硬粗壮，由奶油色渐变到白色，尖端为黑色。

角斗士

　　雄性牛羚领地意识很强，占主导地位的成年雄牛羚通常利用尿液以及用脚蹄刮蹭地面的方式标记领地。雄性牛羚会互相打斗以争夺领地和配偶。

🐾 白尾牛羚的身体呈黑褐色。

🐾 一群蓝牛羚。

动物档案

常用名： 蓝牛羚

学名： Connochaetes taurinus（蓝牛羚）

栖息地： 非洲南部地区。

体重： 120—270公斤。

现状： 低危。

斑马

斑马与马相似，体表分布着黑白相间的斑纹。斑马主要分为三种类型：平原斑马、山地斑马和细纹斑马。它们分布在非洲各地。黑白相间的条纹可以起到伪装作用。

斑纹图案

不同种类的斑马，身上的条纹不同。山地斑马腹部为白色，身上的黑色条纹比平原斑马要窄。平原斑马的斑纹向后弯曲至臀部，在身体两侧形成"Y"字形。细纹斑马是斑马中体形最大的，鬃毛坚硬竖立，比其他斑马的鬃毛要长。它们的条纹更细，排列更加紧密，腹部没有斑纹，这些条纹在尾巴的两边形成一片闪闪发光的白色斑块。此外，每匹细纹斑马的斑纹都是独一无二的。

群居生活

斑马会结成小群，一群的数量约为20匹，由成年雄斑马领导。母斑马终身都在斑马群里生活，雄性幼斑马成年后会离开马群并建立一个新斑马群。

🐾 每匹斑马的皮毛上都有一个独特的图案，就像人类的指纹一样。

动物档案

常用名： 细纹斑马

学名： Equus grevyi（细纹斑马）

栖息地： 非洲南部和东部草原。

体重： 350—450公斤。

现状： 濒危。

🐾 当斑马群饮水时，会有1匹斑马放哨。

长颈鹿

　　长颈鹿是陆地上最高的动物，高度可达5.5米，以大长腿和长脖子出名。这种令人惊奇的有蹄哺乳动物发现于非洲东部和南部，特别是安哥拉和赞比亚。它们喜欢在大草原开阔的林地漫步。

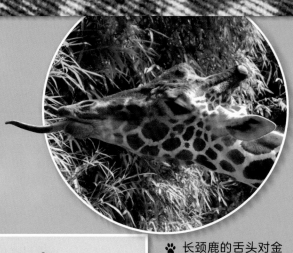

伸长脖子

　　单是长颈鹿的脖子就长达1.8米，跟一个成人差不多高！长颈鹿的颈椎骨数量和人一样，只有7块，但每块都很长，由灵活的关节相连接。这样一个超长的脖子向上伸展，从更高的树枝上摘下树叶。

带刺的美餐

　　长颈鹿每天会吃很多以维持日常消耗。一只成年长颈鹿每天可以吃掉超过60公斤的树叶。尽管长颈鹿可以吃各种植物，但它们最爱的是金合欢树叶。许多动物都对金合欢树的长刺无能为力，但长颈鹿却是个例外！长颈鹿的舌头约45厘米长，上面分布着乳状突起，可以防止被刺伤。除此之外，长颈鹿的嘴巴还可以分泌黏稠的唾液，将树刺包裹起来进行吞咽。

行动方式

　　长颈鹿的身体可能比其他有蹄动物短，但它的长腿足以弥补这一点。长颈鹿的前腿比后腿略长，行走的步态看起来像是踱步，奔跑时速可达每小时48公里。

🐾 长颈鹿有独特的
　　行走、跑步甚至
　　喝水的方式！

動物档案

常用名：长颈鹿

学名：Giraffa camelopardails（长颈鹿）

栖息地：非洲部分地区。

体形：成年雄性高度可达5.5米，成年雌性高度可达4.3米。

尾长：可达2.4米。

现状：低危。

🐾 长颈鹿的舌头对金合欢的刺有特殊的保护作用。

鬣狗

鬣狗是非洲大草原最常见的食肉动物。鬣狗有四种不同类型：土狼、斑鬣狗、条纹鬣狗和棕鬣狗。其中，最广为人知的是斑鬣狗，也是数量最多的一种。

鬣狗档案

不同种类的鬣狗，它们的颜色也不同，从浅棕色到深棕色，甚至是灰色。它们的身子紧凑，头部较小，下颌强壮，可以弄碎最大块的骨头。它们的前腿比后腿长。鬣狗非常聪明，这一点可以从它们独特的狩猎战术中看出。与普遍认为的不同，不是所有鬣狗都是食腐动物。条纹鬣狗和棕鬣狗是家族中真正的食腐动物，斑鬣狗是有进攻性的猎手，土狼则以昆虫为食。

群居生活

一群斑鬣狗可以多达100只，由占支配地位的雌性鬣狗领导整个群体。与其他动物不同，母鬣狗通常比公鬣狗大。一个群体的大小由获得猎物的多少决定。猎物越多，鬣狗群越大。鬣狗的领地意识非常强，在保护领地的时候，会变得非常好斗和凶猛。

爱动脑筋的猎手

斑鬣狗是非常优秀的猎手。它们的捕猎风格，会根据猎物的数量和大小而改变。在没有足够猎物的地方，鬣狗群较小，通常只有7—10只。这时，鬣狗会单独追捕较小的动物。不过，如果有大量的猎物，鬣狗会成群结队地进行捕猎。狩猎方式也取决于猎物的大小和行为。当捕猎牛羚时，鬣狗会形成小群体。

🐾 斑鬣狗比其他鬣狗猎食范围更大。

动物档案

常用名：斑鬣狗

学名：Crocuta Crocuta（斑鬣狗）

栖息地：非洲。

体长：1.2—1.5米。

重量：40—75公斤。

猎物：角马、瞪羚、斑马以及其他有蹄类哺乳动物。

天敌：狮子和人类。

现状：低危。

🐾 鬣狗幼崽待在它们的巢穴附近，这样可以在遇到危险时逃到安全的地方。

草原犬科动物

　　大草原上生活着很多犬科动物，包括豺狼和野狗。非洲有三种不同的豺狼，它们是金豺、侧纹豺和黑背豺。非洲猎犬已濒临灭绝。

豺狼

　　所有豺狼都有与狗类似的特征。它们的腿很长，脚很钝，有助于跑很远的距离。它们是夜行动物，在黄昏和黎明时更活跃。不同种类的豺狼，颜色也不同。金豺是沙棕色，侧纹豺的身体两侧有黑白条纹。

豺狼生活

　　豺狼通常成对生活，或结成6只左右的小群，偶尔也可以看到单只豺狼。一群豺狼通常包括1只公狼、1只母狼和一些小狼。公狼和母狼终生为伴。豺狼夫妇有很强的领地保护意识。不论公狼还是母狼，都会拼命保护它们的领地。豺狼之间用吠叫交流。它们只对自己家庭成员的呼唤作出回应，忽视其他狼群或单只豺狼的吠叫。尽管豺狼是食腐动物，但它们是出色的猎手。

动物档案

常用名：非洲猎犬

学名：Lycaon pictus（非洲猎犬）

栖息地：非洲。

身高：60—76厘米。

体重：25—32公斤。

现状：濒危。野生猎犬数量约5600只。

🐾 非洲猎犬濒临灭绝。

非洲猎犬

　　非洲猎犬是一种非常聪明的动物。这种犬科动物的腿很长，每只脚上有4个趾头。猎犬们最突出的特点，是彩色皮毛和蝙蝠状的大耳朵。它们有强壮的下颚，可以撕破最厚的动物皮。一群猎犬通常有6—20只，包括一对雌雄猎犬和几只非交配成年猎犬作为帮手。

🐾 黑背豺是铁锈色，背部有一片黑毛。

狒狒

狒狒是世界上最大的猴子之一。这些生活在地面的猴子遍布非洲。狒狒主要有五种，分别是东非狒狒、南非大狒狒、几内亚狒狒、非洲黄狒狒和阿拉伯狒狒。除了阿拉伯狒狒，其他狒狒都是草原狒狒。

共同特点

所有狒狒的口鼻都很长，看起来像狗的嘴。它们的两只眼睛靠得很近，有强有力的下颚。身体上有一层厚厚的毛。狒狒屁股上的皮肤很粗糙。这种无毛的肉垫，让它们坐立的时候很舒服。雄性和雌性狒狒的大小和颜色非常不一样。雄性狒狒比雌性狒狒大。

群居生活

狒狒通常群居。每群狒狒通常有50只，其中大约8只雄性狒狒和两倍数量的雌性狒狒以及小狒狒。草原狒狒群通常由一位主要的雌性为领导，雄性狒狒通常负责保卫工作。狒狒群一起睡觉、行动、觅食和互相梳毛。

狒狒行为

狒狒是杂食动物。它们整天都在觅食。尽管雌性狒狒负责照顾后代，但雄性狒狒也会帮忙。它们为小狒狒收集食物，陪它们玩耍。

🐾 跟所有灵长类动物一样，母狒狒会拼命保护它们的孩子。

动物档案

常用名：阿拉伯狒狒

学名：Papio hamadryas（阿拉伯狒狒）

栖息地：非洲和阿拉伯。

体重：成年雄性15—20公斤，成年雌性8—13公斤。

天敌：花豹、猎豹和人类。人类认为狒狒破坏农业，大量捕杀。

现状：近危。

🐾 在移动过程中，狒狒经常会停下来互相梳毛。

其他哺乳动物

除了羚羊、大型猫科动物、狒狒和猎犬，大草原还有各种各样的动物，其中有些动物现在对我们还很神秘。例如疣猴、薮猫、狞猫、瞪羚和疣猪等，你可能熟悉它们的名字，但对它们并不真正了解。

疣猴

这些黑脸小猴子生活在热带雨林外的各种栖息地。不过，它们更喜欢草原边缘的有溪流或湖泊的金合欢树林。与所有的猴子一样，疣猴也是群居，一群里面有10—50只疣猴。一个猴群主要由成年母猴和小猴子组成。成年公猴不断进出这些猴群。疣猴最独特的行为是它们会用不同的叫声警告不同类型的捕食者。当一个成员发出雄鹰的声音时，其他成员会躲进茂密的植被中。

薮猫和狞猫

薮猫和狞猫属于野猫，它们都过着独立而隐秘的生活。两种猫的身体都小而纤长，腿特别长，它们头小、脖子长、耳朵大。狞猫的耳朵顶端有一撮黑毛。薮猫和狞猫都是夜间狩猎，因此主要靠声音定位猎物。一旦定位成功，它们会悄悄地靠近猎物然后猛扑上去。薮猫在将猎物吃下之前会玩弄猎物。狞猫以它们出色的捕鸟技巧而出名。它们会伸出前爪去抓正在飞行的鸟，有时能一次抓到多只鸟。

疣猪

疣猪是唯一能在大草原旱季生存的野猪。它们的头非常大，两侧有厚厚的保护性肉垫（疣），还有长长的鼻子、獠牙和猪鬃。一个疣猪群体通常由母疣猪和它们的后代组成。公疣猪独居或者与其他公疣猪结队生活。

😺 狞猫。

动物档案

常用名：疣猪

学名：Phacochoerus africanus（疣猪）

栖息地：非洲。

体长：1—1.5米。

重量：50—150公斤。

现状：低危，野生疣猪数量充足。

😺 疣猪的獠牙是危险的武器。

秃鹫

　　秃鹫是以动物尸体为食的大型猛禽。虽然它们是猛禽，但很少亲自杀死动物。它们的脚太无力，爪子太钝，没法抓住活的猎物。

以腐肉为食

　　秃鹫的很多特别习性，使得它们非常适合食腐的生活方式。它们的头，甚至是脖子没有羽毛。这对需要把头埋进动物尸体中进食的它们来说，是一个巨大的优势。秃鹫的视力非常好，可以发现远处的动物尸体。秃鹫用它们坚硬的喙撕开死尸的皮毛。

辅助飞行

　　与其他飞鸟不同，秃鹫的身体很重。它们大而宽的翅膀可以帮助它们升空。有些大型秃鹫会依靠热空气帮助它们飞行。秃鹫通常生活在干燥和开阔的地方。在这些区域，随着温度升高，接近地表的空气会上升，产生上升的热气流，热气流就是热空气的气泡。秃鹫在上升的空气泡里滑行，利用热空气将它们托起。

打破硬壳

　　秃鹫主要以动物尸体为食。因此，它们不会追捕猎物。有一些种类的大型秃鹫会捕食鸟类和小型啮齿动物。棕榈鹫以油棕榈坚果和甲壳类水生动物为食。有些秃鹫还会在浅水中抓鱼。白兀鹫因为能打破坚硬的鸵鸟蛋蛋壳而出名。

动物档案

常用名：白兀鹫

学名：Neophron percnopterus（白兀鹫）

栖息地：非洲、南欧、中东和印度。
体长：约85厘米。
翼展：约120厘米。
现状：低危。

🐾 秃鹫以腐肉为食。粗糙的舌头帮助它们把腐肉吃进嘴里。

🐾 秃鹫经常在金合欢树的顶部树枝上筑巢。

鸵鸟

鸵鸟是不会飞的鸟类。它们是世界上最大的鸟。它们的奔跑速度最高可达到每小时65公里，以速度来弥补它们不能飞行的不足。实际上，鸵鸟是两条腿动物里跑得最快的。

鸵鸟档案

鸵鸟平均身高能够长到2.43米，体重达到90—135公斤。成年雄性鸵鸟的羽毛大部分是黑色，雌性和幼鸵鸟是灰棕色。鸵鸟的腿非常强壮。每条腿有两个脚趾，其中一个脚趾有非常大的爪子。与其他鸟类一样，鸵鸟没有牙齿，所以它们不能咀嚼食物。不过，它们会吞下小石子，这些小石子能碾压胃中的食物，帮助它们消化。

展开翅膀

鸵鸟的翅膀不能让它们飞行，但可有很多其他作用。在交配季节，雄性鸵鸟会展开翅膀，跳起独特的求爱舞蹈吸引雌性鸵鸟。翅膀还可以为鸵鸟蛋和小鸵鸟遮挡阳光。翅膀上的绒毛能在极端寒冷的天气中保护鸵鸟。夏天时，鸵鸟用翅膀给自己打扇。冬天时，它们用翅膀遮住光腿以保暖。

安全措施

鸵鸟的脖子非常长，能够帮助它们发现远处的危险。成年鸵鸟几乎没有天敌，因为它们非常好斗，它们强有力的双腿能给敌人致命一击。鸵鸟奔跑速度比大多数捕食者快，比如豺狼。成年鸵鸟经常会虚张声势分散捕猎者的注意力，然后伺机逃跑。

动物档案

常用名：鸵鸟

学名：Struthio camelus（非洲鸵鸟）

栖息地：非洲东部和南部。

身高：2.1—2.7米。

重量：90—135公斤。

现状：近危。

🐾 鸵鸟是最大的鸟。

🐾 鸵鸟没有牙齿，所以吞下小石子来帮助消化食物。

草原爬行动物

　　除了有种类繁多的哺乳动物和鸟类，非洲大草原上还有一些世界上最大、最有趣的爬行动物，包括各种巨蜥、蛇和巨大的尼罗鳄。

巨蜥

　　非洲大草原有一种巨蜥很有名。这种巨蜥身体很结实，皮很厚。通过它们脖子后面的鳞片可以清楚地进行辨别。草原巨蜥的前腿有非常锋利的爪，可用于挖掘，它们用较长的后腿奔跑。这种蜥蜴有蓝色的蛇形舌头，头可以360度转动！草原巨蜥可以像蛇一样张开嘴巴，吞下整个猎物。

蛇

　　大草原上最著名的蛇包括黑曼巴蛇和岩蟒。黑曼巴蛇是非洲最大的毒蛇，也是世界上前行速度最快的蛇，速度可达每小时20公里。黑曼巴蛇是地表蛇类，分布在开阔的草地和岩石地区。大岩蟒是非洲蛇里最长的。它们最长可以达到6米。这种大型蛇非常依赖水，因此在夏天最热的时候，它们会躲在一个很深的洞穴里。

尼罗鳄

　　尼罗鳄是三种非洲鳄鱼中最大的。成年尼罗鳄可以生长到5米长。这种鳄鱼鼻腔很长，身体为橄榄绿。尼罗鳄栖息在淡水沼泽、河流和湖泊中。这些鳄鱼只生活在非洲大陆和马达加斯加，它们主要以鱼为食。不过，它们也捕食更大的动物，如羚羊、野牛，甚至大型猫科动物。尼罗鳄也吃动物尸体。

🐾 尼罗鳄的牙齿是圆锥形的，有助于咬住猎物。

动物档案

常用名：尼罗鳄

学名：Crocodylus niloticus（尼罗鳄）

栖息地：非洲大陆、马达加斯加。

体长：约5米。

重量：约450公斤。

现状：暂时不用担心。

🐾 草原巨蜥约1—1.5米长。

濒危草原动物

大草原，以及所有生息繁衍在大草原的动植物都面临着灭绝的极度危险。人类的活动，例如狩猎、过度放牧和破坏栖息地，都是大草原生存的主要威胁。

气候变化

全球变暖是工厂大量增加和大规模森林砍伐的后果。在本已炎热的热带草原地区，平均气温的上升导致许多动物死亡。上升的温度还导致了几种草和灌木的消失。热带草原的降雨量越来越少，使得动植物难以生存。

栖息地被毁坏

在过去的几十年中，生活在大草原的人类大量增加。越来越多的土地被用来盖房子和种植农作物。有时，人类活动还引起大规模火灾，摧毁和破坏了这片土地。人们砍掉本来就为数不多的草原树木，用来建造房子和作为燃料，这些行为破坏了生态平衡。

为获取动物牙齿、角和皮毛的非法狩猎，已经把这些动物逼到灭绝的边缘。

过度放牧

家畜在大草原上吃草，而大草原是生活在那里的大量野生食草动物的主要食物来源。这使得野生动物的食物受限。过度放牧迫使许多以植物为食的动物，如羚羊，不得不长途迁徙寻找更多食物。这种非自然迁徙常常导致它们的死亡。野生动物还会从家畜身上感染疾病。

非法狩猎

尽管已经出台了严格的法律来保护野生动物，但非法狩猎仍然威胁着热带草原的野生动物。人类为了动物的肉、兽皮以及角而捕杀它们，导致动物数量急剧下降。当野生环境中的猎物短缺，狮子和豹子就会袭击家畜，因此人们就会捕杀这些野生动物。这也是草原动物数量下降的主要原因之一。